民航空中乘务专业系列教材

FLIGHT SERVICE SERIES

第6版

客舱设备运行及管理

张丽 池锐宏 韩蕊 编著

U0241707

北京·旅游教育出版社

全国空中乘务专业规划教材
编 委 会

主　任：高　宏

副主任：李　勤　　黄永宁　　姚红光　　杨　静

编　委：（以姓氏拼音为序）

安玉新	陈丹红	陈晓燕	陈振宇
成宏峰	程　茜	池锐宏	崔祥建
邓彦东	顾　骧	郭　蓓	韩　蕊
韩晓娜	何　蕾	何云画	洪　涛
黄建伟	黄　婧	贾丽娟	亢　元
李　程	李广春	李民田	李　仟
李永平	梁定召	梁悦秋	林　扬
刘　晖	柳迪善	罗　丹	聂建波
彭飞扬	石　慧	苏雅靓	孙露铭
唐小燕	田　宇	王　傲	王化峰
王　娜	吴　菁	吴啸骅	向俊峰
向　前	谢小楠	熊　莹	薛兵旺
闫　华	杨　柳	杨　玮	余明洋
袁圣兰	张彩霞	张　晶	张　澜
张　丽	张晓明	郑大莉	郑　巍

修订说明

民航空中乘务专业系列教材依据中国民航局关于空乘人员的素质、知识结构、能力要求开发和编写。作为全国首套针对空中乘务专业较为完善的系列教材，从 2006 年规划之初就一直坚持"探索教材体系、服务专业发展，创新教材内容、引领专业趋势"的指导思想。经过十几年的使用，本套教材得到了相关院校一线教师的充分肯定，获得了很好的口碑，对我国空中乘务专业的建设与人才培养发挥了重要作用。

我们欣喜地看到，在过去的十几年中，我国空中乘务专业办学层次不断提升，人才培养的内涵不断丰富，培养体系更加科学，在专业建设与教学改革方面取得了长足的进步。可以说，我国的空中乘务专业已经步入成熟发展时期。

此间，我们一直密切关注民航服务的实践，动态跟踪空中乘务专业的国内外发展趋势，不断深化对民航服务专业教育的认识。为适应未来民航服务国际化对人才培养的新要求，继续发挥本套教材在我国空乘服务专业教育的引领作用，完善教学体系和教学手段、丰富教学内容，提高教学的效率与质量，我们就教材在专业建设与人才培养中的实际效果以及毕业生在实际工作岗位上的职业发展进行了调研，在此基础上我们多次组织了工作在专业建设一线的空乘服务专业专家、教师对教材进行了修订，力图在教材的科学性、前瞻性和实用性方面有所创新，使这套空中乘务专业系列教材在未来的专业建设与人才培养方面发挥更大的作用。

本次教材修订我们主要遵循了以下原则：

1. 体现现代民航服务发展的趋势。《"十四五"民用航空发展规划》的发布全面开启了我国多领域民航强国建设的新征程。随着智慧民航建设新局面的拓展，民航服务学科的核心概念与外延正发生着变化。作为教材，必须反映这一发展趋势，摒弃传统的概念与思想，将智慧民航、绿色民航、民航安全等要素融入教材中，以发挥教材的导向作用，使教材的整体脉络更加科学、更具有前瞻性。

2. 提升教材的学科内涵。现今的空乘服务教育已从普通的专科教育为主，逐步走向本专科教育并存的格局，侧重点也开始从服务技能教育逐步向专注人才核心能力转变，学科的内涵逐渐凸显。为此，在本系列教材修订中我们适当融入了本科教学的理念，让教学内容更加体系化和饱满。。

3. 教材编排模式向项目－任务式转变。项目－任务式教学模式是基于工作过程和岗位任职能力生成需要，把学习内容转化为以项目为载体、以任务为牵引的教学方式。通过强化学习者的主体地位，使学习者在完成任务的过程中，以体验、互动、合作的学习方式，感悟知识应用，形成技能技巧。这种方式更适用于职业教育教学的开展和教学目标的实现。

4. 理论与案例结合，着力于培育整体服务思想体系。空乘服务专业实践性很强，服务涉及的情境复杂，服务的艺术性凸显，教与学问题突出，理论的引领更需要案例的配合。为此，在本套教材修订过程中，除了进一步完善教材理论内容体系，还特别增加了案例的数量，并及时将最新的案例编入教材中，以为读者提供一个更为广阔的民航服务的"崭新空间"。

5. 从传统纸质教材向多媒体融合教材方向发展。我们在纸质教材的基础上，协同作者开发了配套的音频、实训视频、教学微课、延伸阅读、互动自测等多种形式的数字融媒体资源，并借助云存储及二维码链接技术进行线上呈现，极大丰富了课堂教学的形式，也更便于学习者自学。

6. 将课程思政有机融入，强调"立德"与"树人"并举。通过设定"素质目标"，或引入相关思政案例材料，来丰富教材的思政元素。

本套教材目前共有 20 个品种，涵盖了民航空中乘务专业的专业基础课、专业核心课及某些实训课，并在此基础上向航空运输大类方向有所拓展。另外，我们还策划出版了"现代航空物流管理系列教材"，可供学校根据专业方向进行选用。

高质量空乘服务人才的培养需要建立在科学的培养模式、学科建设、规范的课程体系以及合理的课程内容与有效的教学方法基础上。希望本套教材的修订再版能在优化民航空中乘务及相关专业培养方案、完善课程体系、丰富课程内容、传播交流有效教学方法方面尽一份绵薄之力。

对于教材使用中的问题，我们衷心希望能够得到广大师生的积极反馈及专家学者的批评指正，我们会全力以赴地不断提升教材的品质，以回报给予我们大力支持的广大师生。如有建议或疑问，欢迎发邮件至 wytep@126.com。

旅游教育出版社

第 6 版前言

民航业是我国社会经济发展的重要战略产业，也是构建现代综合交通运输体系的重要组成部分。党的二十大报告特别强调了要加快建设交通强国、制造强国，中国民航"十四五"发展规划也提出了"航空安全水平再上新台阶、综合保障能力实现新提升、航空服务能力达到新水平、创新驱动发展取得新突破、绿色民航建设呈现新局面、行业治理能力取得新成效"的新目标，新时代民航强国建设显现出巨大的生机与活力。在此背景下，民航产业的各个部分都在蓄力发展，我国民用运输机场数量在不断增加，各家航空公司也在不断扩充机队；同时，随着国产大飞机项目的顺利推进，我国民航制造业也开启了新的征程。

各航空公司、机场单位、MRO 企业及民航业衍生的各类服务企业对引进人才的数量、能力、素质等有了新的要求。系统全面地了解并能熟练操作和管理飞机客舱中的相关设备，是乘务员的基本能力和素质，也是为旅客提供绿色、舒适、安全的乘机环境，打造智能化、舒适化的客舱体验的基本要求。

在我国民航业快速发展的背景下，主流机型和客舱设施设备的更迭变化很快，相关教材内容的及时更新也变得非常重要，以保证教材的时效性，才能助力达到预期的教学效果。基于此，编者根据在行业内的工作学习和调研经历，以及课程和实习的教研积累，编著并不断修订了这本《客舱设备运行及管理》教材。本教材作为"民航空中乘务专业系列教材"之一，首次出版于 2007 年，后分别于 2010 年、2014 年、2017 年、2020 年进行了第 2 版、第 3 版、第 4 版和第 5 版的修订。得益于出版社的大力支持，以及策划编辑老师的专业精神和高度负责的态度，本教材得以又一次修订出版。

全书开篇设置了"先导课"，方便读者对客舱设备运行及管理进行概括性的了解；然后分"通用设备运行及管理""典型机型设备运行及管理"和"客舱服务"上中下三篇 16 个项目，系统介绍了客舱设备的组成及操作要求。通用设备运行及管理篇全面介绍了客舱的各种设备以及使用方法；典型机型设备运行及管理篇分别介绍了 A320、A330、B737、B767、CRJ 和 ARJ21 六大系列机型的客舱设备布局以及运行管理方法；客舱服务篇则简要介绍了客舱服务以及乘务组与客舱设备运行及管理有关的工作任务等内容。教师授课时可以根据学生专业和教学目标灵活安排教学内容。

编者以立德树人为核心，以行业发展为指导，在本教材第 6 版修订中主要做了如下方面的工作：

一、对原有教材编排框架进行优化调整，对部分章节内容进行凝练合并。

根据课程特点，将原有"章－节"结构调整为"项目－任务"式，强化以学生为中心完成分项任务的教学模式，旨在明确学习的知识、技能和素质目标，调动学生的积极主动性。同时将教材由原来的 18 章调整为 16 个项目，更方便教学课时的安排。

二、根据民航业主流机型的更迭，对教材内容进行删减增补。

根据行业主流机型的更迭及客舱设备的革新，对基本机型通用设备介绍的部分进行了相应的内容更新，在典型机型部分则删减了部分已逐渐淘汰的机型设备介绍，让教材内容紧贴行业发展，更加务实。

三、替换更新了书中的大部分客舱设备图片。

本次修订删除了原来清晰度不够高的图片，替换增补为更加清晰、更加具体的飞机客舱实景图；同时还将项目一到项目八新增的部分客舱设备图片进行了技术处理，方便读者通过扫描相应项目的二维码进行查看，更加直观地观察实景客舱设备情况，弥补没有条件进行模拟舱实训或模拟舱不能真实呈现客舱设备的局限和不足。

四、丰富教学模块，让教学形式更加灵活和多元化。

修订后，每个项目前增加了"案例导入"模块，项目后则增加了以"智慧民航""民航安全""民航科普""职场故事"为主题的知识拓展模块，有助于丰富教学内容，提升学生学习兴趣，拓展学生的专业视野。

五、每个项目后增设"学习效果检测"模块。

读者可通过扫描书中二维码做课后练习，便于随堂检验学习效果，增加教材的互动性。

六、增补更新了国产大飞机 C919 的相关信息。

在国产 C919 大型客机获批生产许可证、从设计研制阶段进入到批量生产阶段之际，本次修订还特别在"先导课"增补了 C919 的研发历程和客舱设计特色等内容。

上述第一、第二、第三和第六方面的修订工作主要由上海工程技术大学张丽老师完成，第四和第五方面的修订工作主要由广州民航职业技术学院池锐宏老师完成，东方航空技术有限公司飞机部的韩蕊工程师提供了大部分的客舱设备图片，并提出了一些很有价值的修订建议。

　　本教材包含了客舱乘务员必须掌握的专业知识，不仅可以作为民航系统大专院校及其他旅游经贸院系民航乘务相关专业的教学用书，还可用作民航系统的培训用书。在本书编写过程中，中国东方航空的有关专家给予了很多的指导和帮助，上海工程技术大学航空运输学院也为编者提供了较多支持，谨在此表示由衷的感谢。还要特别感谢康垂宏高级工程师和东方航空客舱部的苏欣女士，感谢他们给予我们的帮助。

　　感谢广大读者和使用者的厚爱，给予了本教材更长久的生命力。由于编者水平有限，书中若有不足之处，恳请专家及读者批评指正，以继续丰富修完善本教材。

编　者

目　录

上篇　通用设备运行及管理

中篇　典型机型设备运行及管理

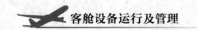

下篇　客舱服务

二维码教学资源列表

项目名称	资源类型	页码
项目一　飞机座椅	客舱设备图片展示（部分）01	11
	学习效果检测 01	23
项目二　客舱装饰	客舱设备图片展示（部分）02	24
	学习效果检测 02	32
项目三　盥洗室和厨房柜	客舱设备图片展示（部分）03	33
	学习效果检测 03	41
项目四　客舱通信系统	客舱设备图片展示（部分）04	42
	学习效果检测 04	50
项目五　氧气系统	客舱设备图片展示（部分）05	51
	学习效果检测 05	61
项目六　应急救生系统	客舱设备图片展示（部分）06	62
	学习效果检测 06	84
项目七　空调系统和照明系统	客舱设备图片展示（部分）07	85
	学习效果检测 07	99
项目八　烟雾和火警设备	客舱设备图片展示（部分）08	100
	学习效果检测 08	113
项目九　常见故障	学习效果检测 09	121
项目十　A320 客机	学习效果检测 10	145
项目十一　A330 客机	学习效果检测 11	170
项目十二　B737 客机	学习效果检测 12	189
项目十三　B767 客机	学习效果检测 13	209
项目十四　CRJ 客机	学习效果检测 14	224
项目十五　ARJ21 客机	学习效果检测 15	245
项目十六　客舱服务	学习效果检测 16	262

先导课
初识客舱设备运行及管理

📄 案例导入

国之重器：C919 国产大飞机

C919 大型客机（COMAC C919），是中国首款按照最新国际适航标准、与美法等国企业合作研制组装的干线民用飞机，于 2008 年开始研制。

C 是 China 的首字母，也是中国商用飞机有限责任公司（下简称"中国商飞"）英文缩写 COMAC 的首字母；第一个"9"的寓意是天长地久；"19"则代表的是中国首款大型客机、最大载客量为 190 座。C919 大型客机是我国建设创新型国家的标志性工程，机体具有完全自主知识产权。

设计理念及相关数据

C919 大型客机围绕"更安全、更经济、更舒适、更环保"和"减重、减阻、减排"的目标设计。标准航程为 2200 海里（4075 公里），增大航程为 3000 海里（5555 公里），可满足航空公司对不同航线的运营需求。设计经济寿命为 80 000 飞行小时 /48 000 起落架次 /25 个日历年。最大商载 18 900 千克，标准商载 15 010 千克。巡航速度 0.78 马赫，最大使用速度 0.82 马赫，最大飞行高度 39 800 英尺（12 131 米），巡航高度 35 000 英尺（10 668 米）。

研发和生产历程

2006 年 2 月 9 日，国务院发布《国家中长期科学和技术发展规划纲要（2006—2020 年）》。大型飞机重大专项被确定为 16 个重大科技专项之一。8 月 17 日，国务院成立大型飞机重大专项领导小组。

2007 年 8 月 30 日，中央政治局召开第 192 次常委会，听取并同意国务院大型飞机重大专项领导小组《关于大型飞机重大专项有关情况的汇报》，决定成立大型客机项目筹备组。

2008年5月11日，中国商飞公司在上海成立。7月3日，中国商飞公司在上海召开大型客机项目论证动员大会。

2009年1月6日，中国商飞公司正式发布首个单通道常规布局150座级大型客机机型代号"COMAC 919"，简称"C919"。

2010年11月15日，C919大型客机1:1展示样机在珠海航展上首次展出。

2011年4月18日，C919大型客机首次型号合格审定委员会会议召开，C919飞机研制全面进入正式适航审查阶段。

2012年7月31日，《C919飞机专项合格审定计划（PSCP）》签署。

2013年12月30日，C919飞机铁鸟试验台在中国商飞上海飞机设计研究院正式投用，C919项目系统验证工作正式启动。

2014年9月19日，首架机开始结构总装；2015年11月2日，C919首架机在浦东基地正式总装下线，这标志着C919首架机的机体大部段对接和机载系统安装工作正式完成；2017年5月5日，首架机成功首飞。

2018年到2020年，首批5架飞机陆续完成各阶段试飞任务和全机极限载荷静力试验。

2020年11月27日，C919获得首个型号检查核准书，进入中国民用航空局审定试飞阶段。

2021年3月1日，中国东方航空作为国产大飞机C919全球首家启动用户，与中国商飞公司在上海正式签署C919大型客机购机合同，首批引进5架，东航将成为全球首家运营C919大型客机的航空公司。

2022年5月14日6时52分，编号为B-001J的C919大飞机从浦东机场第4跑道起飞，于9时54分安全降落，标志着中国商飞公司即将交付首家用户的首架C919大飞机首次飞行试验圆满完成。

2022年9月30日，C919完成全部适航审定工作后获中国民用航空局颁发的型号合格证。

2022年11月29日，中国民航局向中国商飞公司颁发C919大型客机生产许可证（PC）。取得生产许可证是C919大型客机从设计研制阶段到批量生产阶段的重要里程碑。

2022 年 12 月 9 日，一架编号为 B-919A 的 C919 大型客机从上海浦东国际机场启航飞往上海虹桥机场，标志着全球首架 C919 大型客机交付首家用户中国东方航空股份有限公司。

客舱设计特色

C919 机型客舱有全经济级、混合级、高密度级三种客舱布置构型，客舱全长为 1146 英寸（约 29.11 米）。全经济级客舱有 168 座，排距为 32 英寸（约 81 厘米）；混合级客舱有 156 座，其中公务舱有 3 排 12 座、排距 36 英寸（约 91 厘米），经济舱有 144 座、排距为 32 英寸（约 81 厘米）；高密度级有 180 座，排距为 30 英寸（约 76 厘米）。公务舱每排为 4 座；经济舱每排为 6 座；乘务员座椅共有四座，其中，前服务区有 2 座，后服务区有 2 座。

靠窗和靠过道的座椅选用了 18 英寸（约 45.7 厘米）宽座椅，比常见机型配备的 17 英寸（约 43.2 厘米）座椅宽 1 英寸（约 2.5 厘米）。客舱配置先进的缓降下翻式行李架，在保证足够行李载荷的情况下让旅客的头部空间更宽敞，机身空间利用率更高。此外，客舱舷窗数量更多、面积更大；客舱灯光为 LED 光源，可中央统一调控，也可旅客自行调节。

一、客舱设备概述

一般而言，飞机上直接与乘客有关的设施主要包括：驾驶舱内的正、副驾驶员座椅，旅客舱内的旅客座椅及乘务员座椅，衣帽间、储藏室和包括分舱板、侧壁板、天花板、顶部行李箱、座椅面罩和地毯在内的客舱内装饰；厨房柜；机组人员与旅客应急撤离和救生设备；盥洗室；供水系统与污水处理系统等。这些设备在客舱内的布局及型号、数量，不同的机种各有所异，但设备的种类大同小异。这些设备和设施将根据用户的要求，可以有各种不同的布置和数量。

二、客舱设备管理与乘务员专业能力

在民航乘务员国家职业标准中，对乘务员的专业能力的要求大部分都和客舱设备管理的内容紧密相关，每个操作环节都涉及客舱设备管理的内容。

表1-1　民航乘务员国家职业标准

职业功能	工作内容	技能要求	相关知识
一、客舱服务	（一）旅客登机前准备	1. 能检查经济舱、厨房、洗手间等服务设施状况 2. 能检查经济舱食品、酒水、卫生等服务用品配备状况 3. 能检查经济舱卫生状况	1. 预先准备程序及要求 2. 服务设施检查标准 3. 服务设施管理标准及要求 4. 清舱规定
	（二）起飞前准备	1. 能迎接旅客并引导入座 2. 能为旅客提供报纸、杂志 3. 能指导旅客摆放行李 4. 能操作客舱门分离器	1. 旅客行李物品存放与保管的要求 2. 特殊行李占座规定 3. 报纸、杂志分发要求 4. 分离器操作规定
	（三）空中服务	1. 能在正常情况下进行两种语言广播 2. 能指导旅客使用客舱服务设施 3. 能保持客舱、厨房和洗手间清洁	1. 正常情况下广播要求 2. 服务设施操作规范 3. 客舱服务管理规定
	（四）餐饮服务	能为经济舱旅客冲泡茶水、咖啡	1. 烘烤餐食的方法和要求 2. 经济舱茶、咖啡冲泡的要求及方法
	（五）落地后管理	1. 能处理飞机滑行期间旅客站立、开启行李架等不安全行为 2. 能对客舱、厨房、洗手间进行清舱检查	1. 落地后安全管理规定 2. 客舱检查规定
二、安全保障	（一）应急设备检查与使用	1. 能识别应急设备标志及中英文名称 2. 能检查和使用灭火器、氧气瓶等应急设备 3. 能在正常和应急情况下开启、关闭舱门和应急出口	1. 应急设备标志 2. 应急设备中英文名称 3. 应急设备的使用和注意事项 4. 舱门和应急出口操作标准要求
	（二）安全介绍	能进行氧气面罩、救生衣等客舱安全演示	1. 客舱安全简介内容 2. 客舱安全演示规范动作的要求
	（三）安全检查	1. 能对旅客安全带系扣、行李架关闭等情况进行客舱安全检查 2. 能对经济舱客舱、厨房、洗手间设备进行安全检查	1. 客舱安全检查标准 2. 进、出驾驶舱的有关规定 3. 禁烟规定

续表

职业功能	工作内容	技能要求	相关知识
三、应急处理	（一）失火处置	1. 能处置烧水杯失火 2. 能处置烤箱失火 3. 能处置洗手间失火	烧水杯、烤箱、洗手间失火处置方法
	（二）应急撤离	1. 能进行陆地有准备的应急撤离 2. 能进行水上有准备的应急撤离 3. 能进行无准备的应急撤离	1. 应急撤离程序 2. 撤离时的指挥口令 3. 撤离后工作程序

三、主要机型介绍

航空制造业被誉为"现代工业之花"，大飞机则更被称为"工业皇冠上的明珠"。长期以来，我国乃至国际大飞机市场一直被空客、波音两大巨头主导。具有自主知识产权的支线客机 ARJ21 的设计生产，吹响了我国航空工业起步的号角，而如今 C919 也在经历一系列的严格审核和试飞后，首架已正式交付中国东方航空公司，这代表着国产大飞机即将登上历史舞台，更标志着我国航空工业以及民航市场的起飞。

本书在典型机型设备运行及管理篇中介绍了我国航空公司在飞的主流客机机型，如下表所示。

主流机型汇总

型号	飞机制造公司	类型
A320	空中客车公司	单通道干线飞机
A330	空中客车公司	双通道干线飞机
B737	波音公司	单通道干线飞机
B767	波音公司	双通道干线飞机
CRJ	庞巴迪公司	支线飞机
ARJ21	商用飞机公司	支线飞机

🗣 智慧民航

十年 | 中国民航局：推动 5G、北斗、大数据、人工智能在民航应用

2022 年 6 月 10 日，中共中央宣传部举行"中国这十年"系列主题新闻发布会，介绍新时代加快建设交通强国的进展与成效，并答记者问。中国民用航空局副局长董志毅介绍了推动智慧民航发展的相关情况。

董志毅表示，以信息技术为引领，以"智慧"为重要特征的新一轮科技革命和产业变革方兴未艾，特别是各类新技术应用的日新月异，正在全方位重塑着民航业的形态、模式和格局。对我们民航业而言，我们认真贯彻好"以人民为中心""人民航空为人民"的宗旨，特别需要从飞机制造到航班运行、从空中交通到地面保障、从组织管理到服务产品，全面顺应这一历史发展的潮流，努力探索一条智慧发展之路。

因此，民航局在认真研判未来五年形势任务的基础上，确定把智慧民航建设作为行业"十四五"时期发展的主线，主要目标是建成"透彻感知、泛在互联、智能协同、开放共享"的智慧民航体系，使民航发展的方式实现深刻变革，使其安全基础更加牢固，运行保障更加高效，运输服务更加便捷，治理体系更加完善。

特别是在今年 1 月份，民航局专门印发了《智慧民航路线建设图》，进一步提出将智慧航空运输和产业协同发展作为智慧民航建设的重点内容。其中，智慧航空运输是以"智慧出行、智慧空管、智慧机场、智慧监管"为四大核心抓手，主要任务是构建高效安检、快速通关、无忧签转、"有空就座"，以及便捷舒心的旅客服务生态和高效的航空物流服务体系，提升空中交通服务的全局化、精细化、智慧化运行能力和服务水平，推动机场运行协同化、服务人文化、作业智能化、建养数字化，打造一体化创新型的数字政府和监管平台。

在产业协同发展方面，主要是通过构建"民航＋数字产业"的共同体，以及"民航＋先进制造"产业链和"民航＋绿色低碳"的生态圈，推动 5G、北斗、大数据、人工智能等数字产业在民航的应用，打通先进装备制造、维修、运营的全产业链条，采用绿色核心技术、可持续燃料、新能源装备，实现产业和行业的深度融合，以赋能行业高质量的发展。

目前，智慧民航建设在机制保障、顶层设计、标准制定、示范应用等方面

取得了阶段性成效。比如，现在全国 234 家机场实现了"无纸化"便捷出行，40 家千万级机场开通了"易安检"服务，安检通行效率提升了 30%。另外，行李跟踪系统也实现了射频识别"串线成网"。通过这些智慧赋能，进一步提升了民航运行的效率，改善了民航服务的品质。

董志毅表示，后续依据大家对民航的关心和关注，还将从四个方面继续推进智慧民航建设：

一是做好《智慧民航建设路线图》的落地实施，将具体场景应用项目化、工程化。

二是抓紧抓好关键环节的基础研究，攻关"卡脖子"难题，推动民航深层次的变革，形成保障智慧民航建设的良好政策环境。

三是提升数据资源的管控能力，完善数据治理的标准规范，畅通数据的交互路径，深化数据的分析能力，有效释放数据价值。

四是强化人才支撑，培养适应智慧民航建设的复合型人才、具有创新能力的业务骨干和专家学者，打造专业能力强、业务素质高的专业化人才团队。

（资料来源：民航资源网 . 2022-06-11.）

通用设备运行及管理

项目一
飞机座椅

项目导读

　　本项目主要介绍飞机上的驾驶舱座椅、旅客舱座椅、空乘人员座椅的基本排列情况、工作原理、调节范围、使用注意事项等。

学习目标

　　1. 了解驾驶舱的座位排列及工作原理；

　　2. 重点掌握客舱中不同等级舱位座椅的工作原理、主要功能；

　　3. 了解空乘人员座椅的数量、安装位置、组成及特点。

📄 **案例导入**

2.5 万条意见！乘客不满航司座椅尺寸

　　2022 年 8 月，美国联邦航空管理局（FAA）就航空座椅尺寸的安全程度向社会公开征求意见。截至 11 月 1 日最后期限，FAA 收集到各类意见近 2.5 万条。

　　美国国会在 2018 年要求 FAA 发布关于乘客座位最小尺寸的安全规则，2021 年 FAA 的一项研究表明，目前的座位尺寸在紧急疏散过程中对 99% 的乘客来说是安全的。

　　但仍有多数乘客认为在紧急疏散情况下，客舱座椅的宽度、长度、间距可能对个人安全构成了直接威胁，许多乘客表达了对客舱座位标准尺寸的不满。

　　"作为一个体型较大的女性，我可以证明目前的座位尺寸并不安全。我碰不到座位下面的救生衣。另外，进出座位是一个缓慢而复杂的过程。虽然我从来没有在紧急情况下逃生，但我可以想象到这可能会有多糟糕。"

以下是更多网友置评：

"目前航司座位尺寸太小，对于高个子或肥胖的人来说，在紧急情况下离开飞机几乎是不可能的。"

"我 6 英尺（约 1.83 米）高，身材魁梧。在过去的几年里，我接受过几次手术，虽然每天都能正常工作，但现在频繁坐飞机，身体出现了问题……对我来说，像那样挤在里面会让我的双腿麻木，加重肩膀承受的重量。"

"座位太小了，请把每个座位加宽 4 英寸（约 10 厘米）好吗？4 英寸的差距是多么巨大吗？"

"最近乘坐了精神航空的航班，座位大约有 16 英寸（41 厘米）宽。我坐在中间的座位上，由于前面座位的坡度，进出座位十分困难。我今年 72 岁了，在座位上站不起来，我丈夫在飞行后的第二天就感到背部疼痛。"

"我有时坐在两名身材高大的人中间，身体无法挪动，胳膊肘也不能靠在两个座位之间的扶手上。我们身材魁梧，而航司的座位似乎变得更窄。"

（资料来源：民航资源网.2022-11-03.）

讨论：民航飞机客舱座椅未来将会有何新的技术突破？

任务一　认识驾驶舱座椅

一、驾驶舱座椅的种类及其安装位置

飞机驾驶舱内共有三把座椅。一把是机长座椅。它位于驾驶舱前部左侧，安装在地板座椅滑轨上。

另一把是副驾驶员座椅。它位于驾驶舱中前部右侧，与机长座椅平行，安装在右侧座椅滑轨上。机长和副驾驶员座椅统称为驾驶员座椅。

第三把是观察员座椅。它位于驾驶舱中央操纵台的后部，与驾驶舱后部左侧的电源中心侧隔板相连接。

图 1-1 飞机驾驶舱

二、驾驶员座椅的组成与特点

（一）驾驶员座椅的组成

驾驶员座椅由座椅骨架（包括椅背、椅面和椅腿）、扶手、防震靠垫、安全带系统（包括肩带、腰带、挡带、快卸锁扣和肩带惯性锁等）、座椅姿态调节机构〔包括水平状态的调节——可前后移动，移动量 l=203 毫米（8 英寸）；垂直状态的调节——可做椅面高度调节，调节量 h=152 毫米（6 英寸）和椅背倾角的调节，调节量 a=10°〕和座椅装饰面罩等主要部件组成。

（二）驾驶员座椅的特点

（1）座椅的（指靠中央操纵台一侧）扶手是可以折叠的——以扶手与椅背的安装点为转轴，可将扶手转起到与椅背侧面齐平，目的是使驾驶员出入座位时比较方便。

（2）椅背侧角的调节不是采用统称的液压锁机构，而是用机械的方式。这种调节方式简单可靠，重量较轻，维护方便。

（3）座椅骨架采用钣弯件铆接和点焊的结构形式，这种结构形式的座椅重量较轻，安全性能好。当飞机发生故障，应急着陆而使座椅破坏时，椅面底部的支撑件不会戳入人体而致伤。

图 1-2　机长座椅

图 1-3　副驾驶座椅

三、观察员座椅的组成与特点

图 1-4　观察员座椅

由于飞机驾驶舱空间紧凑，为使驾驶员出入驾驶舱方便，故只能将观察员座椅设计成可折叠的比较简单的结构。

观察员座椅由可折叠的座椅骨架（包括可折叠的椅背、椅面和椅腿——斜撑杆）、简易安全带系统、用人造革做装饰面料的座椅防震靠垫以及与座椅配套的、单独装在地板结构上的踏脚板等部分组成。

由于座椅做成可折叠的，椅背不能承受向前的过载，所以安全带系统中没有惯性锁。事实上人处于这样一种地位，即使有过载，人向前倾时，也不会碰到硬物件，因为前面是驾驶舱空间。

此外，该座椅没有各种姿态调节的功能。

任务二　认识旅客舱座椅

一、椅背

（一）操作

（1）压下扶手上的按钮松开钮可将椅背向后放倒15度左右；

（2）椅背通常也可前倾。

（二）特殊考虑

（1）部分靠近机门、应急窗的旅客座位的椅背无法向后或向前放倒；

（2）有些飞机上的座位是无法前倾的，不能硬推，否则会损坏座位结构；

（3）每一位旅客座位上都配有安全带（机上配备的加长安全带必须与旅客座椅上的安全带相匹配）。

图1-5　客舱座椅

二、扶手

（一）操作

旅客座位间的扶手通常可向上翻起，或被拆卸。

（二）特殊考虑

（1）所有飞机上都有一些过道座位的外侧扶手可向上翻起，以便于轮椅旅客就座；

（2）在一些飞机上，至少半数以上的过道座椅扶手可以移动；

（3）在 A320 与 A340 飞机普通舱中几乎所有靠过道一侧座位的扶手都可向上翻起，但应按压一个扶手松开钮。

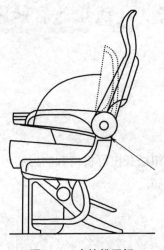

图 1-6　座椅松开钮

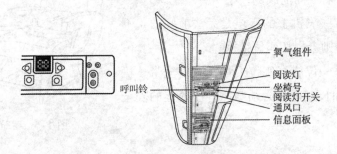

图 1-7　典型旅客服务组件

三、旅客座椅的种类

客舱内旅客座椅可分为两大类：一类是双联的公务舱座椅。它位于机身前段一级舱内，与地板上的座椅滑轨相连，这种座椅的椅面较宽较深。

另一类是经济舱座椅。它位于机身的中、尾段经济舱内。经济舱座椅又有双联和三联之分。双联座椅布置在机身左侧，三联座椅布置在机身右侧。这种座椅的椅面较窄。

四、公务舱座椅的组成与特点

（1）座椅主要由椅背、椅面、椅腿、扶手、安全带组件、椅背倾角调节机构、座椅方正靠壁、表面装饰罩、折叠式餐桌及应急救生衣存放袋等部分组成。

（2）其特点是椅面和扶手较宽，在扶手上装有可折叠的小餐桌。中间扶手（系指两个座位之间的扶手）可以绕其支撑轴收起。收起扶手后，两个座位便可"改装"成一张简易的沙发床。

（3）椅背倾角（包括经济舱旅客座椅）是由一把液压锁机构实现无级调节的。

（4）座椅安装在地板座椅滑轨上。并可作25.4毫米（1英寸）间距的前、后调节。

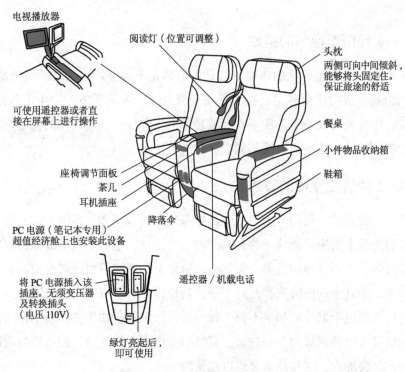

图1-8　公务舱座椅组成

图 1-9　公务舱座椅

五、经济舱座椅的组成与特点

（一）经济舱座椅的组成

无论是双联还是三联的座椅，都是由下列几个部分组成的，即包括椅背、椅面和椅腿合成的座椅骨架，扶手，安全带组件，防震靠垫，折叠式小餐桌，烟灰缸，座椅表面装饰罩，救生衣存放袋等主要部件。上述部件的构造情况及使用功能，与公务舱座椅大致相同。

（二）经济舱座椅的特点

基于座舱总体布局的考虑，把经济舱座椅分成双联和三联两种；又由于安装在客舱地板上的座椅滑轨是综合利用的受力构件，于是造成了椅腿在座椅骨架上连接的位置不合理的后果。就是说，地板上的座椅滑轨是按受力构件安排和分布的，而其上的座椅安装是处于服从的地位，对于双联座椅来讲，其靠中央过道的椅腿过于偏外。如果不偏，就会使椅腿倾斜；如果椅腿既不偏、又不倾斜的话就要将椅面移向中央过道。其结果是中央过道变窄，而座椅与侧壁之间的间隙又会加大。这显然也是难以接受的。

图 1-10　经济舱座椅

对于三联座椅来讲，靠中央过道的一根椅腿与机身侧壁结构之间的间隙也不一样，其中三联座椅与机身右侧壁装饰板的间隙为 15 毫米左右，而双联座椅与其对应的侧壁饰板的间隙为 25 毫米左右。二者的差量约 10 毫米。这 10 毫米对于飞机客舱这样一个"寸金之地"的特殊环境而言，恐怕不是可以忽略不计的。若能在设计时将这 10 毫米左右的差量移到中央过道来的话，就能使中央过道的宽度得以进一步"加宽"。

事实上，从实际结构上可以发现，设计者已经作了这方面的努力，若不然，这个差量将会更大。然而，这种努力并不能从根本上解决问题。

总之，要想使上述问题全面地得到解决，只有从总体方案着手重新布置才行，尤其应考虑座椅的对称性。

采用可收起（中间）扶手的旅客座椅，除了可使座椅横向宽度加大之外，还对应急撤离行动有利。对于在"机翼上方"应急出口旁边，靠近窗口一侧的座椅扶手更是如此。所以，在这个区域的座椅扶手都装在应急门上。这都是为应急撤离方便而考虑的。

然而，该机没能做到把靠中央过道一侧的、位于应急出口处的座椅扶手，也设计成可折叠的。如果能做到这一点，将更有利于应急撤离过程的顺利进行了。

紧靠分舱板的座椅小餐桌，采用了插入扶手孔的结构形式。这种结构形式的小餐桌，从应急救生的角度是不太合理的。因为采用这种插入扶手孔，小餐桌是由孔里拔出来，只要有不平行度，就可能被"卡住"。一旦被卡，在应急时就将影响到人员的迅速撤离，严重的甚至可能贻误撤离工作。

因此，如果能将头排座椅的小餐桌设置在分舱板上的话，就能解决被卡住的问题和保证应急撤离顺利进行。我国第一架自行设计的运十大型客机，就是按这种思路设计的。

此外，将分舱板处的座椅小餐桌设置在分舱板上，还解决了这种小餐桌的合理存放问题。

任务三　认识机上乘务员座椅

一、机上乘务员座椅的数量及其安装位置

机上乘务员座椅一般有两处，分别在前后舱门入口处。

图1-11　头等舱乘务员座椅

（一）机上乘务员折叠座椅/限制装置（安全带）

折叠座椅下部都有弹簧负载使其成垂直位置并装有限制装置以避免或降低冲击。腿部安全带的固定器和在每个带子顶端装有惯性的卷轴肩带，在每个带

子靠近腰部处装有金属调节扣，可用来调节与腿部安全带相连的肩带。

（二）特殊考虑

只有指定的机组人员才可以坐在折叠座椅上；应收好安全带，防止带子损坏及紧急情况下阻挡出路；每个折叠坐垫在不用时，应具有自动恢复功能。

二、机上乘务员座椅的组成及特点

机上乘务员座椅都是自动折叠式的。这种自动收起的功能十分有用，能弥补机上服务员一时疏忽、没有及时把椅面收起而有碍于人员通过之弊。

这类座椅的结构及功能与其他类型的座椅大致相同。所不同的是这种座椅都比较简单。例如都不设扶手，椅面下表面也不设救生衣及其存放袋，更无小餐桌一类的设备。

按照适航性条例第25部§25.785（h）（1）条文的要求，"在尽可能不影响接近要求与地板等高的应急出口的范围内，机上乘务员座椅的位置必须保证能直接观察该乘务员个人负责的客舱区域"。如不能很好地满足本条文内容的要求，当乘务员在该处就座时，视线会被挡住。在该处就座的服乘务员，就无法直接观察到乘客。于是就有可能产生下列一些问题：

（1）当旅客有什么服务要求时，服务员无法及时发现而给予满足。

（2）从安全的角度来讲，在乘务员视线区以外的区域里就座的旅客，如果有图谋不轨，搞阴谋劫机或破坏活动的话，乘务员可能做不到及时发觉，并进而采取各种有力的防范措施来加以制止。

👥 智慧民航

南航两架全新大型宽体客机 A350 同时落户深圳

2022 年 1 月 6 日，南航两架全新大型远程宽体 A350-900 型客机同时落户深圳，加盟南航深圳分公司，深圳迎来了目前最大的空客宽体客机。新客机将主要投放到深圳往返北京大兴、上海、成都等国内主干线航线，在大幅提升旅客乘机体验的同时，对助力深圳建设高品质创新型国际航空枢纽、全面纵深推进先行示范区建设，服务"一带一路"和粤港澳大湾区建设，服务构建以国内大循环为主体、国内国际双循环相互促进的新发展格局具有重要意义。

坚持人民至上，不断满足旅客乘机新需求

从感觉体验上，南航的 A350 加装了客舱空气加湿系统，可将客舱内空气的相对湿度最高提升两倍以上，有助于乘客更好地休息，并减轻长途飞行后的脱水症状。飞机的空气过滤系统能够去除空气中的细菌、异味和污染物，整个客舱的空气每 2~3 分钟即可完全更新一次。巡航状态下 A350 的客舱气压也比其他机型更高，相当于海拔 6000 英尺的气压水平，相比于其他飞机 8000 英尺的客舱压力，能更好地减轻旅客长途飞行过程中的疲劳。

从触觉体验上，南航的公务舱座椅从"布艺沙发"升级到"皮制沙发"。公务舱采用 1-2-1 布局，采用德国 RECARO 公司的斜交错式 180 度全平躺电动座椅，全皮面料，配备 18.5 英寸个人电视。座位"斜交错"排列，保证了每个座位的私密性，并且都有独立进出通道。座椅带有迷你吧台，上下都有充电口。明珠经济舱座椅间距近 1 米，达到 38 英寸（96.5 厘米），旅客可自如伸腿。每个座椅配备 13.3 英寸个人电视、充电插座和 USB 口。经济舱采用的座椅间距为 32 英寸（81.3 厘米），每个座椅配备 11.6 寸个人电视和 USB 口。

在听觉体验上，降噪耳机可以考虑不用带。由于新型发动机的选用和先进的空气动力学设计，南航 A350 飞机的客舱噪声比其他机型降低 5~9 分贝，可为旅客提供更为安静的客舱环境。同时，本次明珠经济舱与经济舱的座椅特别设置了通用的单孔双声道 3.5 毫米耳机接口，旅客可以直接插入自己携带的标准有线耳机，特别适合对音质有追求的乘客。

最后，视觉体验上，南航空客 A350 机型选用了新一代机上娱乐系统，通过操控流畅的用户界面，旅客可体验丰富多样的娱乐内容。舱外高清实景模块是新系统的一大特色，旅客可在个人显示屏上实时观赏机头、机腹、机尾三个角度的机外景色，探索更多的飞行乐趣。同时，客舱灯光有着人性化的设计，11 种情景灯光可以在长途航班上模拟日出、日落等全天不同时间的自然光，帮助乘客调节生物钟，减少长途飞行中的疲劳和时差反应，提升舒适度。

打造绿色飞行，努力走在绿色发展最前列

此次引进的 A350-900 飞机，因独特的驾驶舱玻璃设计，被亲切地称为"墨镜侠"。"墨镜侠" A350 采用了最新的空气动力学设计，使用了新一代发动机以及轻量化材料，在节能减排方面有着突出表现，可有效降低燃油消耗及

二氧化碳排放。尤其是新型发动机的选用和先进的空气动力学设计，有效降低了飞机噪声水平，比国际民用航空组织（ICAO）最新噪音标准还要低 21 分贝。

（资料来源：民航资源网 . 2022-01-06.）

学习效果检测

扫描下方二维码，检测你的学习效果。

01

学习检测

项目二
客舱装饰

项目导读

　　本项目主要介绍客舱装饰的组成，登机用的轮椅、供轮椅旅客使用的洗手间、窗户与遮光板以及污水系统的设计目的、操作和特殊考虑。

学习目标

1. 了解客舱装饰的组成及其设计特点；
2. 重点掌握一些特殊设施的设计目的、操作和特殊考虑。

📖 案例导入

春秋航空主题航班 迎接冬奥盛宴

　　2022 年 1 月 21 日，距离北京冬奥会开幕还有 14 天，春秋航空携手河北省体育局、河北省工商联以"冰雪河北 圆梦冬奥"为主题在万米高空展开了一段别开生面的旅程，与旅客一起为冬奥助力，为祖国奥运健儿加油助威！一起向未来！

精心装饰客舱 冬奥氛围浓厚

　　在此次主题航班上，春秋航空围绕"冰雪河北 圆梦冬奥"主题特别精心布置了整个客舱。座位上一排排的五星红旗，一张张精美的冬奥冰雪主题海报，热情洋溢的冬奥会气氛将旅客包围。

精彩互动分享 普及冬奥知识

　　随着冬奥推广曲《一起向未来》的音乐响起，主题航班的序幕拉开。本次航班乘务长为旅客介绍了主题航班的意义，邀请石家庄市滑雪协会秘书长为旅客讲解滑雪运动常识，普及冬奥竞赛知识。最后是冬奥知识抢答环节，这一环节旅客通过飞机按铃示意答题，客舱里时不时传来阵阵掌声和欢笑声，客舱氛围达到了高潮，燃起大家对北京冬奥会的热切期待。

精美"年货"伴手礼 蕴含温暖大爱心

主题航班上，春秋航空为每位旅客准备了一份特殊的"年货"伴手礼：由河北省中冀乡村振兴基金会提供的河北特色农产品。河北省中冀乡村振兴基金会（以下简称"基金会"）分别在京东和淘宝搭建了电商平台，旨在进一步提升河北省助农帮扶成效，帮助助农企业拓宽销路，进一步提升企业农户增产增收的能力，巩固拓展脱贫攻坚成果，助力乡村振兴。在基金会电商平台上购买一份商品的同时，也是为农民朋友送上一份爱心和温暖，为国家乡村振兴贡献一份自己的力量。

春秋航空深耕河北十多年以来，坚持秉承安全、准点、实惠、品质、创新的发展理念，为旅客出行提供优质的航空服务。2021 年 12 月，春秋航空与河北省体育局签署了冰雪运动推广普及合作协议，积极利用自身的航空运输优势资源，在飞机客舱、座椅头片装饰冬奥冰雪主题海报，线下利用冰雪大篷车、春秋旅游连锁门店开展冬奥冰雪项目体验，宣传推广普及冰雪运动，营造全民迎冬奥氛围，进一步提升全民冰雪运动的热情！春秋航空在河北省第三届冰雪运动会中荣获"群众冰雪运动突出贡献奖"。

春运期间，春秋航空河北分公司作为河北省唯一的本土民营航空公司，致力于地方经济社会发展建设，将不忘初心、牢记使命，铭记"三个敬畏"，以真情服务践行"人民航空为人民"，用心保障每一位旅客安全出行。

（资料来源：民航资源网 . 贾春望，2022-01-21. 标题有改动 .）

讨论：精心装饰客舱的好处体现在哪些方面？

任务一　了解客舱装饰的组成

飞机客舱主要由下列几部分组成，即天花板、侧壁装饰板、顶部行李箱、客舱分舱板、旅客座椅装饰面罩、地毯、门帘、衣帽间、储藏室等。

一、客舱天花板

除在登机门区域、厨房服务区域以及右后盥洗室与右后储藏室之间的天花板为平的降低天花板外，在整个旅客舱长度范围内安装弧形旅客舱天花板，除特殊规格天花板外，其余长度均与行李箱长度相同。

二、客舱侧壁板

客舱两侧的侧壁板，除机翼上部应急出口区域和客舱后端侧壁板外，均带有两个观察窗口，每个窗口有一个在不拆卸侧壁板的情况下便可拆下窗框组件，该窗框组件由一个声学玻璃和一个垂直拉动的遮光板组成（一般观察窗口为滑动式遮阳板，应急出口窗为卷筒式遮阳板）。窗户用于观察机外，遮光板用于遮挡阳光。

图 2-1　客舱天花板

图 2-2　窗户和遮阳板

三、客舱顶部行李箱

沿着旅客舱两侧各安装封闭式的顶部行李箱。在客舱右侧三联旅客座椅的上方设有能竖着存放一个标准的 20 英寸的随身拉杆箱的大行李箱，在左侧双联座椅的上方设有能横着存放一个标准的 20 英寸左右随身拉杆箱的小行李箱，除特殊规格行李箱外，每个标准行李箱组件长度为 1 930 毫米（76 英寸），带有两个可锁上的、向上打开的行李箱门。这种行李箱的优点是存放在箱内的物品，不会由于飞机的振动等原因从箱内掉出来，而且行李箱外观整齐美观。当今世界上的大中型客机都采用这种形式的行李箱。

图 2-3　客舱顶部行李架

四、客舱分舱板

在公务舱和经济舱之间布置左右分舱板及门帘组件，分舱板安装在行李箱下面，门帘组件由门帘滑轨、帘布和系带组成。

图 2-4　客舱分舱板

图 2-5　门帘

五、客舱地毯、座椅装饰面罩和门帘

（1）这三件物品在客舱内的装饰作用是举足轻重的。舱内的装饰要体现四季变化、时代气息、民族风格、异国情调等，都离不开上述物品的选择与调配。作为大型旅客机舱内装饰设计都遵循这些原则。

（2）从工程技术的角度来讲，这些物品要具有防火、耐磨、耐脏、防静电、易于维护、质地轻巧、质感亲切、价格便宜和施工方便等特点。

图2-6　地毯和座椅罩

任务二　了解旅客服务设施

一、残疾旅客服务设施

（一）登机用轮椅

登机用轮椅主要用来运输有残疾的旅客。操作时注意事项：按照操作说明打开轮椅；在将旅客扶入或扶出轮椅前一定要带住刹车。

（二）供轮椅旅客使用的洗手间

供轮椅旅客使用的洗手间要能保证同其他旅客一样的隐私权。

民航法规要求飞机上必须具有供轮椅旅客可使用的洗手间。不要求机组成员帮助残疾人上洗手间。

出于为轮椅旅客的特殊考虑，一般设有大扶手，以方便轮椅旅客使用；洗手间门较大，以便出入。

二、衣帽间和储藏室

（一）衣帽间

衣帽间通常根据客舱布置要求，有不同的数量和位置。常设于盥洗室附近，以及头等舱与经济舱的分界处。位于头等舱与经济舱分界处时，衣帽间除了本身的功能以外，还兼有分舱板的功能。这种一物多用的做法，正是客机在有限空间内布置设计所需要遵循的一种原则。对于中、短程旅客机来说，因其飞行时间不长，旅客很少使用。因此，在国外一些中、短程航段的客机上都不设置衣帽间。

（二）储藏室

部分飞机设有储藏室（储藏格），储藏格一般在驾驶舱内观察员边上，以及厨房的烤箱上面，储藏室会设在衣帽间旁边，具体个数和位置按机型有区别。

图 2-7　客舱衣帽间

图 2-8　客舱储藏室

三、娱乐设施

飞机的娱乐设施包括客舱顶部显示屏和位于旅客前排座位的显示屏等。起飞和下降时，椅背需要调直，旅客荧屏也需要收起来。随着通信技术和电子设备性能的提升，客舱内的服务设施不断丰富和更迭，满足乘客听音乐、玩游戏、点播影视节目和浏览电子杂志等不同的需求。

图 2-9　座椅扶手处旅客娱乐面板

图 2-10　音频娱乐系统控制面板

图 2-11　舱顶显示屏

四、污水系统

机上污水系统用来排除与储存污水。机上的厨房用水和洗手间的洗脸池水经污水管通过安装在机身外的高温排水口排出，便池中的污水则会存入污水收集箱内。

注意事项：

（1）勿将茶叶包、冰块投入便池内；

（2）使用／清洁洗手间后应放下便池盖板防止异物跌入；

（3）各类包装饮料、酒类、乳制品、豆浆、果汁等可将盖拧死后投入非压缩型垃圾车或存入餐车中；

（4）勿将含颗粒的果汁直接倒入厨房下水池中；

（5）使用污水桶时，应绝对避免混入拉环、瓶盖、毛巾等异物，污水可倒入便池中。

🗣 智慧民航

川航推进 20 架次飞机改装 KA 卫星技术

2022 年 11 月 10 日，四川航空股份有限公司（以下简称"四川航空"）、中国卫通集团股份有限公司（以下简称"中国卫通"）、星航互联（北京）科技有限公司（以下简称"星航互联"）三方"航空互联网品牌与创新联合实验室"（简称"联合实验室"）揭牌仪式在成都举行。民航西南局副局长徐东毅、四川航空总经理石祖义、中国卫通总经理孙京出席揭牌仪式，共同为联合实验室揭牌。

在我国"智慧民航、数字客舱"建设倡议下，四川航空、中国卫通、星航互联前期已经达成合作，三方携手创建了独具特色的"卫星＋飞机＋运营"空地互联业务商业合作新模式，开启了国内首个 Ka 卫星技术航空互联网方案批量装机的新篇章。三方集中优势资源，成立联合实验室，围绕"资源整合、业态创新、技术赋能、运营创效"等方向孵化培育新技术、新产品、新应用，提高项目运行效率和对客服务品质，愉悦旅客空中飞行体验。

预计在 2023 年，三方将总计完成 20 架窄体机的改装目标，并不断推出体验更优、服务更好的航空互联网产品，让更多的旅客在川航的航班上，享受到速度更快、使用更方便的空中上网服务。据中国卫通卫星发射规划，2023 年将发射中星 26 号卫星，并与国际运营商开展全球 Ka 漫游合作，届时将基本实现全球国际航线覆盖。

揭牌仪式上，徐东毅表示，我国航空互联网市场发展空间巨大，此次四川航空与中国卫通和星航互联在航空互联网业务的合作，顺应我国智慧民航建设，将有效满足航空旅客互联网接入、航空业数字化转型需求，希望三方紧抓机遇，充分发挥优势资源，共同推动航空互联网创新发展。

石祖义表示，川航与中国卫通、星航互联共建"航空互联网品牌与创新联合实验室"，是机上 Wi-Fi 项目持续整合资源，开展业态创新、品牌运营创效的一小步，也是深化三方合作深度和广度的一大步。实验室挂牌成立不仅将进一步巩固并提升川航机上旅客服务体验上的优势，也将在探索智慧民航建设下的多场景应用，为建设数字中国、智慧民航做出更大贡献。

孙京表示，此次业务合作及联合实验室的组建，是中国卫通及星航互联落实中国卫通"12361"发展战略、推动业务转型的重要举措。中国卫通及星航互联将与四川航空以践行智慧民航建设路线、悦享空中美好数字生活为目标，聚力同行，协同发展，携手打造国内首个"航空＋互联"规模化运营标杆，走进新时代，踏进新征程，开创新格局，创造新成绩。

下阶段，三方将依托新成立的联合实验室大力推动联合运营"开花结果"，争创技术引领创新标杆，挖掘 Ka 卫星互联网应用在民航业的深度价值，重点靶向"互联技术创新、前后舱融合探索、知识产权创建、行业标准编制"等领域的孵化培育；争创开放生态创效标杆，不断积累"飞机改装、产品设计、系统开发、异业合作"等经验，形成行业内可复制、可推广的商业运营模式，拓展合作生态圈。

（资料来源：民航资源网.黄成凯，杜浩月，吴君妍，2022-11-14.）

学习效果检测

扫描下方二维码，检测你的学习效果。

02

学习检测

项目三
盥洗室和厨房柜

项目导读

本项目主要介绍机上盥洗室和厨房柜的数量、安装位置以及各厨房柜设备的组成。

学习目标

1. 了解盥洗室和厨房柜数量及安装位置；
2. 了解机上厨房设施的组成和各设施的使用目的、操作和特殊考虑。

📖 案例导入

航空安全守护人 追梦蓝天三十载（摘选）

2019年10月18日凌晨5:50，CA430航班平稳落地，这是国航西南分公司客舱部管理二部李萍主任乘务长执飞的最后一个航班，今天是她50岁的生日，也是她告别蓝天的特殊日子，回顾这32年飞行生涯，既漫长又短暂，既平凡又精彩，她的身上体现着那一代民航人的坚韧、执着、真诚和美丽，她用无悔的青春和勤劳的双手织就了人生美好的画卷。

敬畏生命，她是航空安全的守护人

"安全第一"始终是李萍心中矢志不渝坚守的原则。对安全规章的深入理解和严格遵守就是在保护每一个人。作为一名主任乘务长、检查员，李萍不仅在日常工作严格要求、严守规范，更在面临突发状况时沉着冷静、妥善处置，确保人机安全。

2017年6月19日，李萍带班执行CA457成都至巴黎航班，在飞行过程中，后厨房烤箱突发异常声响，随后烤箱冒出烟雾，面对突发险情，李萍根据情况立即做出判断和安排，迅速组成3人灭火小组，各司其职开展灭火工作。在成功扑灭火情后，她又安排专人对相关设备进行了全面检查，并对后厨房实施全面监控。通过细致检查，发现火情起因是2号烤箱线路短路造成的。凭着多年的工作经验和扎实的业务技能，李萍带领乘务组成功处置了这起突发事件，保证了旅客和飞机安全，得到国航股份表彰。

此外，在检查员的工作中，李萍认真履行职责，并通过航班检查和思考，为客舱部的安全管理工作建言献策。在检查员的年度报告中，她对客舱安全信息报告、飞行中的颠簸风险防控等方面，提出了自己的意见和建议，为公司航班安全保障贡献了自己的力量。

（资料来源：民航资源网.谭杨，2019-10-18.标题有改动.）

讨论：客舱乘务员在使用厨房设备时应注意哪些方面？

任务一　了解盥洗室数量及其安装位置

一、盥洗室数量及其安装位置

按照有关规定，旅客机舱内盥洗室数量应以平均每25~50人设置一个为原则，位置则以方便旅客为目标。盥洗室一般位于前后登机门旁边，大型的双通道飞机有时会在机舱中部设置盥洗室。而该机满载时包括机组乘员在内可达155~172人。可见三个盥洗室只能算是基本满足要求。这种偏紧的盥洗室数量，是以中、短程飞机为出发点考虑的结果。因为这样做可为该机增加载客量、提高经济性创造条件。

二、盥洗室设备组成

盥洗室由下列主要部分组成：梳妆台、洗脸池、镜子、各种梳妆和卫生用品的存放格柜、马桶箱组件、冷热水龙头、防（飞机）颠簸扶手、氧气面罩箱、通风设备和室内照明灯。

图 3-1 盥洗室

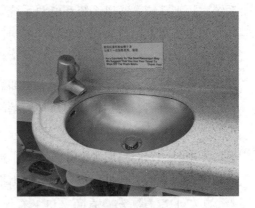

图 3-2 洗手池

图 3-3 盥洗室照明设施

任务二 了解厨房系统

一、厨房系统概述

飞机厨房一般是不具备烹饪功能的，只能对飞机餐进行简单的加热，这主要是出于安全考虑。

飞机上的厨房有干厨房和湿厨房两大类。干厨房主要用来储存食物饮料和存放推车（餐车），不连接到飞机的通风或饮用水系统。湿厨房连接到饮用水系统、污水系统、通风系统和电源系统等，能够提供水、电源方面的需求。

为了充分利用空间和容纳各种厨房设备，机上厨房集成为厨房柜，由复合材料制成的基本组件、侧壁板、后壁板等围成。厨房柜被隔成许多格，分别放置垃圾箱、推车、储存柜、烤箱、水加热器等。有一些分隔区安装有柜门。如管道系统接近门、杂物柜柜门、垃圾箱门等。这些门使厨房看起来更为整齐和美观。厨房柜内有导向条，便于推车、储存柜能方便地从厨房结构中推进推出。不用时，它们被多个锁扣（止动手柄）限制在厨房结构内；使用时，转动锁扣（止动手柄）到打开位，就可抽出推车和储存柜。

飞机上没有冰箱，有的飞机上有保温箱，放置冰块保存婴儿用品或药品等。飞机起飞前，由配餐车直接将做好的保鲜餐食一起运送到飞机上固定好；飞机起飞后，乘务员直接用烤箱加热餐食，用热水器和烧水壶烧热水提供给旅客。

图 3-4　厨房柜（1）

图 3-5　厨房柜（2）

二、主要厨房设施

（一）烤箱

1. 作用

只可用于加热食物。烤箱数量是根据飞机机型而定的。

2. 操作

根据食物性质选定时间、温度后启动。

3. 注意事项

（1）在加温前确保烤箱内无任何纸片、纸制品以及干冰；

（2）使用烤箱前要区分烤箱的种类，严格按照程序操作；

（3）为防止起火，严禁在烤箱内存放任何服务用器、用具、报纸、餐盒及各类可燃物。

（4）起飞和着陆前烤箱必须断电。

图 3-6　烤箱

（二）保温箱

可以放置冰块、保存物品。有的飞机上没有保温箱，只有冰盒。

图 3-7　保温箱（外观）

图 3-8　保温箱（内部）

（三）烧水器和烧水杯

1. 目的

烧煮开水。

2. 操作

烧水器：接通电源；选定煮水方式。

烧水杯：在水杯内加入水，插在电源插座上；旋转定时器，接通电源。

图 3-9　烧水壶

3. 注意事项

（1）烧水器内的水为可饮用水，飞行中沸水水温一般为 80℃ 左右；

（2）出现断电警告时，应立即关闭电源，检查水阀、水量、水压是否正常；

（3）在沸水滴注时，若需取出盛水杯，应先关断电源；

（4）只有在水杯内有水时，方可使用通电或底盘保温方式；

（5）起飞和着陆前关断电源，倒空盛水杯内的水，并将盛水杯固定。

图 3-10　咖啡壶

（四）餐车

1. 目的

用于存放各类食品、饮料、用具、用品等。

2. 操作

餐车的轮子上有止动装置，踩下推车下的止动刹车柄，轮子就不能转动；踩下另一个松刹车柄，餐车的轮子又能运转自如。

3. 特殊考虑

（1）餐车不得用于存放各种试剂、疫苗或其他生物化学制剂、制成品；

（2）餐车要按规定位置存放；

（3）起飞和着陆前，必须存放

图3-11　餐车

妥当（不超出规定限载重量），车门紧锁踩好刹车，并被锁扣固定。

🗣 民航科普

人在囧途之"厕囧"
——机上卫生间设备及其使用方法

飞行对于很多人来说是新鲜事，飞机上的一些设备对于旅客来说很特殊。曾经有旅客抱怨机上卫生间设备太先进了，很多不会使用，很多时候想找垃圾桶都找不到。下面详细介绍一下机上卫生间的设备及其使用方法。

飞机上的卫生间一般位于飞机前部、中部和后部，与机上头等舱、公务舱和经济舱区域所对应，各舱位的旅客使用各自区域的卫生间，这是普通的常识，也是客舱安全的需要。

近期发生了好几起旅客如厕时误将飞机应急出口门当作卫生间门打开，导致误放应急滑梯的不安全事件，有必要先来介绍一下卫生间门的使用。飞机应急出口门和卫生间门，无论从尺寸还是外观来说都是有明显区别的。飞机应急出口门尺寸较大，与机身壁齐平，旁边一般有乘务员座位及机上应急设备，机门上有很多明显的红色的警示标志；而卫生间门位于客舱中间，紧挨客舱通道，门上一般会有红色的禁烟标志。

旅客在使用卫生间前应先观察一下门上的卫生间使用标志，显示红色为卫生间正被使用，绿色表示卫生间可以使用。厕所门的打开方式分两种：外拉和内推。外拉的卫生间门上中间有把手，向下旋转把手，向外拉动门打开，注意：由于是外拉，动作要轻以免撞到脸部受伤。内推的卫生间门中间偏左有中文标识"推"或英文标识"PUSH"，用手轻推此处，门向内打开，注意：向内推的门是由左右两部分组成，中间有连接缝隙，要防止夹手。要从卫生间内开门出来，外拉式卫生间门，向下旋转门上中间的把手，向外推门打开；内推式卫生间门，轻拉有中文标识"拉"或英文标识"PULL"处的凹槽，门向内打开，要小心碰头。

进入洗手间后，在门的背面同样还有红色的禁烟标志和其他警示牌。在门上有一个机械锁，按照标识的箭头方向扭动锁扣，门锁上，反方向则打开。门锁上后，门锁会连动洗手间灯光开关，洗手间内灯光自动点亮。

洗手间里面一侧是洗手池和水龙头，使用方法和一般酒店公共卫生间的相同。有些新引进的飞机卫生间水龙头是感应式的，伸手就有水流出，且水温已自动调至与人的体温相近，很是人性化。洗手池的旁边是化妆台，上有卫生用品供旅客使用。洗手池上面是化妆镜，旅客可以顺便理理发型。在洗手间和化妆镜之间配有面巾纸和擦手纸，请节约用纸，用完记得把纸扔进垃圾箱，就在洗手池的旁边或下面。洗手时注意不要把水和洗手液溅到地板上，防止打滑摔倒；如不小心溅到地板上，也没关系，乘务员会及时清洁。如洗手后能用擦手纸将洗手池擦干净，后面的旅客会很感谢你。

洗手间的正中间就是马桶，在马桶盖的正面或反面会贴有禁止将纸巾、尿不湿、一次性手套等物品扔入马桶的警示牌。如果男士要小号，请将坐便隔垫收起来，如果是男士大号或女士如厕，请先将坐便隔垫放下，同时在马桶的旁边侧面舱壁里配有马桶垫纸，已经一张一张叠好，抽出一张轻轻展开平放在坐便隔垫上，就可以安全卫生地使用马桶了，而不用费力地蹲在马桶边沿上。

按压马桶旁边标有中文标识"冲水"或英文标识"PUSH"的冲水按钮（新引进的飞机这个按钮也是感应的），污物就会被冲走。如厕后，马桶垫纸不能扔进马桶里，要扔到垃圾箱内，顺便盖上马桶盖。当然有些机型的马桶盖在马桶冲水时会自动盖上。顺便提一下，在马桶垫纸的舱壁里还配有呕吐袋和卫生纸。

细心的旅客会发现，马桶侧方壁板上还安装有辅助手柄（有些可供残障旅客使用的洗手间里还装有类似手肘形状的辅助手柄），方便旅客手扶，特别是遇到突发颠簸时，旅客可以借此稳定自己，防止颠伤。在遇有突发情况时可按压紧急呼叫按钮，向乘务员求助。

带孩子的妈妈们也不用担心小孩换尿布。机上配有可供更换尿布的卫生间，里面有专用隔板，将隔板放下会形成一个结实的平台，方便换尿布使用，使用完毕要向上收回。注意：尿不湿不能扔进马桶，要扔到垃圾箱里。

飞机上包括卫生间内，是全程禁止吸烟的，机上很多地方都有禁烟标志，以防失火。据统计，机上火灾 45% 是发生在卫生间内。在卫生间顶部装有烟雾探测器，一旦卫生间出现烟雾，烟雾探测器会发出刺耳的警报鸣响。损坏卫生间烟雾探测器是违法的行为，不得故意损坏。

特别提示：为了旅客的安全，飞机在滑行、起飞和降落等关键阶段禁止使用卫生间。飞行中，如果在使用卫生间的过程中遇到突发颠簸，应立即抓好辅助手柄固定自己，防止颠伤，切忌跑回座位。

温馨提示：儿童、残疾乘客和老年旅客使用机上卫生间时，要请家人陪同；如有任何困难，请及时与乘务员联系。

（资料来源：民航资源网.陈迎洪，2016-04-21.标题有改动.）

学习效果检测

扫描下方二维码，检测你的学习效果。

03

学习检测

项目四
客舱通信系统

项目导读

　　本项目主要介绍机上与客舱有关的通信系统的组成、作用及操作方法。

学习目标

　　1. 了解通信系统各分系统的组成；

　　2. 重点掌握与客舱有关的通信系统，如机上旅客广播系统和机上服务内话系统等。

📑 案例导入

网红不顾飞行安全在飞机起飞时做直播 处罚结果出炉

　　台湾地区一名网红乘飞机时，不顾飞行安全，在飞机滑行准备起飞时用手机通过网络进行直播，事后被告。2019 年 11 月 19 日，判决结果出炉。

　　综合台湾媒体报道，陈姓男子和妻子 2019 年 4 月 18 日下午搭乘华信航空从台北松山机场飞往澎湖。当机舱门关闭，飞机滑行准备起飞，且林姓乘务长也已广播禁止使用任何电子产品，但陈姓男不予理会，持续开机使用个人脸书直播起飞过程。

　　直播时，不少线上观看的网友劝其停止直播，"起飞降落中不能用手机""关机啦，不要害人""还不关，等等被罚""要关，不然会出事"，甚至有人说可以罚他 8 万元。陈姓男仍执意不听，还回呛："这样开手机，被罚 8

万？小钱、小钱。"整个过程前后历时 3 分 30 秒。

随即，台湾地区民航主管部门进行调查，随后函请侦办，要求对其严惩。

台湾民航主管部门指出，依据相关规定，除非经民航主管机构公告，并经机长许可、机组人员宣布可以使用，否则，航空器飞航中，不得使用干扰飞行或通信之器材。陈姓男直播行为可能对飞机通讯及驾驶舱仪表及设备造成干扰，严重影响飞行安全。

主管机构还指出，该主播有其网络影响力，且检查直播视频，发现直播过程有多位网友留言提醒当事人此一行为违法，但当事人以"8 万是小钱"等言词回应，无视飞行安全与法令规范，建议检方从重处罚。

台北"地检署"搜证后对其提起公诉，陈姓男出庭辩称不知道违法，但检察官认为机组人员都有广播提醒民众，为了飞行安全应该关闭手机，连网友都知道有飞行安全疑虑，提醒他小心，他却毫不在乎，继续直播，已违反"航空器飞航中，不得使用干扰飞航或通信之器材"之规定，依法可处 5 年以下有期徒刑、拘役或 15 万元台币以下罚金。

11 月 19 日，案经台北地方法院审理后，陈认罪。法官认为他明知从飞机关闭舱门起飞到落地开启舱门为止，都不能使用手机等干扰飞航的器材，仍执意开直播，犯有"非法使用干扰飞航通信器材罪"，但考量其犯后已坦承自己的行为，因此判罚金 2 万元台币、服劳役 20 日，同时没收犯罪工具手机。

此外，另有一名有 40 万粉丝的台湾"网红"也因为在飞机上违规使用手机而被处罚。台湾另一名网红"周刚毅"2019 年 6 月 11 日乘坐远东航空超过 20 年机龄的麦道 MD82 飞机，由台北飞往马公，在飞机关闭舱门后拍摄了 14 分钟，3 天后发布到网上，尽管不是直播，但是也违反了该航空公司的规定。根据远东航空 MD 机型规定，关闭舱门前，所有电子产品都能使用；但是舱门关闭之后包括手机、相机、游戏机、笔记本电脑都不能使用，就连开启飞行模式也不行。

（资料来源：航空圈 . 2019-11-21.）

讨论：航空器飞行中，使用干扰飞行或通信之器材有何危害？

通信就是用于飞机的一部分与另一部分之间、飞机与飞机之间或飞机与地面之间传送信息的系统。通信系统由下列分系统组成：音频综合系统（包括飞行内话系统），客舱／服务内话系统；广播系统；手提式扩音器；选择呼叫系统；甚高频通信系统；高频通信系统；录音系统；ARIVC 通信寻址和报告系统等。

本项目将对与客舱有关的通信系统（如，机上旅客广播系统、机上服务内话系统等）予以介绍，以便客舱乘务员能够有效地使用这些系统设备为旅客服务。

任务　掌握客舱通信系统的应用

一、旅客广播系统

旅客广播系统主要用于对所指定的客舱进行广播。手持送受话器安置在驾驶舱和每一个乘务员的座位旁。

广播优先次序是：机长广播、乘务员广播、预录广播、录像广播、登机音乐。

机上配备一套旅客广播系统，该系统由广播放大器、客舱扬声器和放音机等组成。用扬声器从驾驶舱或客舱服务员位置处向客舱区域、厨房区域和盥洗室的旅客广播。应安装足够数量的扬声器，以便对客舱、厨房、盥洗室和服务员位置处提供足够的音频覆盖。

控制装置：驾驶舱顶部板上设有一个旅客广播"按压—广播"开关，在前、中和后服务员位置处的手持送话器上装有一个带保护装置的旅客广播"按压—广播"开关。这些开关将服务内话手持送话器连接到旅客广播系统，用于广播通知。

设在手持送话器旅客广播"按压—广播"开关上的 LED（发光二极管）指示灯在开关被按压时灯亮，而当手持送话器放回到架上时灯熄灭。

旅客广播通知的优先权次序是：驾驶舱第一，前服务员第二，中／后服务员第三。

二、内话系统

（一）作用

每个机组成员座位旁的手持送受话器用于飞机的一部分和另一部分之间的通信联络；驾驶舱机组人员与客舱乘务员之间的通信联络；为维护调整飞机以及给飞机加油等地勤服务提供便利。

综上所述，内话系统可以实现驾驶舱、客舱乘务员位置处和全机的各个维护和服务区域之间的通话。

图 4-1　广播及内话系统（1）

图 4-2　广播及内话系统（2）

（二）服务内话系统组成

机上应设置若干个手持送受话器和相应的四个插座，驾驶舱中央操纵台上安装一个，客舱乘务员位置处各安装一个。

（1）驾驶员/客舱乘务员呼叫。机上服务内话系统对客舱来说最大的方便是实现机组人员之间的交流。

驾驶员对客舱服务员呼叫。位于驾驶舱顶部板上设有一个呼叫服务员开关和一个服务员呼叫信号灯/复位开关组件。当驾驶员位置处的扬声器发出"叮咚"音时，客舱服务员位置处的粉红色主呼叫灯亮，从而提醒服务员"驾驶员在呼叫"。

客舱服务员对驾驶舱呼叫。位于前、中和后服务员位置处的手持送受话器上均设有一个带保护装置的"呼叫驾驶员"开关。当从任一服务员位置处向驾驶员发出呼叫时，驾驶舱中的服务员呼叫灯亮，从而提醒驾驶员"客舱服务员在呼叫"。在发出呼叫的手持送受话器上的呼叫驾驶员开关的 LED 亮。当将手持送受话器放回到架上时，LED 熄灭。

客舱服务员之间呼叫。位于前、中和后服务员位置处的手持送受话器上设有一个带保护装置的"服务员呼叫服务员"开关。

（2）当从任一服务员位置处发出呼叫时，位于前、中和后客舱服务员位置处的扬声器发出"叮咚"音，此时客舱服务员位置处的粉红色主呼叫灯亮。

（3）在发出呼叫的手持送受话器上的呼叫服务员开关的 LED 亮。

（4）当将手持送受话器放回到其架上时，客舱服务员主呼叫灯均应熄灭。

三、话音记录器和飞行数据记录系统

（一）驾驶舱话音记录器系统

（1）机上装有一套话音记录器系统。在驾驶舱内装有 ARINC577 型驾驶舱话音记录器，用来自动连续地记录飞机机组人员发出和接收到的各种话音信号以及驾驶舱内的声音，以便在飞机意外事件发生后进行事故分析。

（2）话音记录器面板上装有水下印象定位信标，当话音记录器落在水下时，信标的水敏感开关启动，定位信标向周围水域辐射音响脉冲，寻找话音记录器的人员根据探测到的辐射脉冲信号，能够锁定话音记录器在水中的范围，从而为打捞提供准确信息。话音记录器外表面为橙色，便于水中识别。

（3）话音记录系统由一台驾驶舱话音记录器和一个话音记录器监控板组成。

（4）该系统中的接地控制继电器和停机刹车开关与抹音电路连锁，只有当飞机在地面且处于刹车状态时，按压监控板上的抹音按钮约 2 秒钟，才能抹去记录在磁带上的信号。磁带和磁带传动部分保存在封闭的盒体内，能记录飞机坠毁时的环境条件。该系统外表面为橙色，便于水中识别。

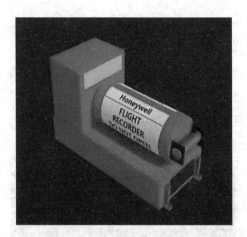

图 4-3　驾驶舱语音记录器

（二）飞行数据记录系统

1. 目的和用途

飞行数据记录系统主要用来采集、接收和存储在飞行前以及飞行中的一些重要数据。可提供飞机坠毁事故前一段时间记录下来的特定飞行参数。

2. 系统组成

机上设有飞行数据记录系统，该系统由下列部件组成：

（1）数字式飞行数据记录器

数据记录器带有一个水下定位信标，便于在飞机坠毁后发现该记录器坠落位置。数字式飞行数据记录器有足够记录、保持数据的能力。该记录器由不锈钢制成，外壳为橙色，重量约 12.7 公斤（28 磅）。

（2）加速度计

（3）飞行数据采集装置

该装置接收各传感器发送来的信号并对其信号进行监控。然后将传感器来的信号转换成标准数字格式信号输入数字式飞行数据记录器（或数字式维修记录器）。

（4）飞行数据输入板

飞行数据输入板的功能是：将空勤人员输入的数据直接传送到飞行数据采集装置和飞行数据记录器，并且通过管理控制装置传送到数字式维修记录器。

（5）管理控制装置

该装置的功能是：监控飞行数据采集装置的数据输入，并控制数字式维修记录器的信息输出。

（6）数字式维修记录器

数字式维修记录器功能是：在一定条件下接通或断开，记录来自管理控制装置的数据，记录时间由管理控制装置控制。

图 4-4　飞行数据记录器

🧑 智慧民航

第十届中国航空客舱通信娱乐发展论坛在京举办（摘选）

"通过空地互联网业务的实质性开展，这一创新领域必将释放超过万亿的市场价值，造福中国民航每年近五亿人次的出行旅客。"

日前，在北京举办的 IFEC2017 "第十届中国航空客舱通信和娱乐发展论坛"上，大会主席兼秘书长、上海 Jelladin 公司 CEO，杰西卡女士对中国航空互联网新蓝海做出了上述表态。此次高峰论坛旨在推动中国空地互联网产业化、市场化的实质性进展，通过搭建产业交流平台，打破技术、商业和政策瓶颈，真正为航空公司和民航旅客创造价值。

大会主席樊澄代表空地互联网产业联盟发布了我国首个《空地互联网产业白皮书》项目，来自民航、互联网、新媒体和投资界的嘉宾代表就"空地互联网技术发展""空地宽带通信与民航安全运行""互联网时代民航增值服务创新""空地互联网的新媒体应用""产业生态与投资前景"等多个主题进行了精彩的讨论与分享。

出门坐飞机更安全，我国民航将利用地空宽带提升飞行安全

"通过 ATG 地空实时宽带通信，我们可以将飞行品质监控数据、飞机健康数据实时传输到地面的大数据中心，这不仅将使寻找黑匣子成为历史，还将对我国民航的安全运行水平带来革命性的提升。"中国民航科学技术研究院孔祥骏博士在题为《ATG 地空无线宽带通信在民航安全领域的应用前景》的主旨演讲中介绍说。

据孔博士介绍，通过我国自主研发的 ATG 地空宽带通信技术，中国民航的飞行品质安全监控，将进入"云计算和大数据"的时代。同时，ATG 地空宽带通信还将在客舱应急反恐等方面发挥积极的作用。

万米高空上网看电视，客舱新媒体带来全新出行体验

"把飞机的客舱当成自己家的客厅"，这可能是很多经常飞行的人的梦想，而它很快将变成现实。

广电总局广播电视科学研究院互联网所副所长张伟在会上表示，应用我国自主研发的地空宽带通信系统，旅客可以在飞机上收看到多达 100 套直播电视频道、与院线同步的电影大片，以及 3000 多份最新的电子报刊内容。

基于空地宽带互联网，客舱的媒体生态将发生翻天覆地的变化。"在飞机上只能反复翻阅一本杂志、看有限的几部电影的时代，将一去不复返。"张伟说道。

空地互联网开放商业生态，再造万亿级新兴市场

"空地互联网对旅客出行方式的变革，其意义在于打通航旅服务的整个链条，形成空中与地面一个完整的开放商业平台，它将吸引民航、酒店、租车、金融、互联网等企业，创造出一个全新的基于航旅出行的开放商业平台。"大会主席樊澄在大会开场的白皮书发布环节说道。

会上，首汽约车与海航旗下的喜乐航、空地互联网产业联盟就未来的空地一体化出行服务进行了战略签约；库拉索与空地互联网产业联盟就空中免税品电子商务业务进行了战略签约。

与会的航空公司和机场领导、行业专家、企业代表和投资人一致认为，空地互联网的大门已经开启，只要抓住机遇，勇于创新，完全可以创造出一个万

亿级的新兴市场，服务于中国民航每年五亿人次的航旅人群。

"认知重启，重新构想，这是一个考验想象力的产业。"财讯传媒集团首席战略官、网络智酷总顾问段永朝老师在会上如是说。

（资料来源：民航资源网．丁一璠，2017-04-26．）

学习效果检测

扫描下方二维码，检测你的学习效果。

04

学习检测

05

客舱设备图片
展示（部分）

项目五
氧气系统

项目导读

　　本项目主要介绍机上氧气系统的组成、工作原理以及不同机型氧气系统的简介和分布图。

学习目标

1. 了解氧气系统的组成及工作原理；
2. 重点掌握各机型客舱氧气系统的分布以及氧气系统的操作。

📑 案例导入

为什么飞机上一排座位只能安排一名不占座婴儿？

　　在您办理乘机手续的时候，一般会提出要坐飞机前排或者靠窗或者靠过道的服务需求。如果你和家人朋友带着两个不占座的小婴儿，也许还会提出安排坐在一起方便照应的需求，这时，航空公司的值机人员会不同意。为什么？

　　众所周知，随着高度的上升，空气会越来越稀薄，氧气含量也会逐渐降低。飞机在高空飞行时如果突然失密，或遇到其他缺氧状况的紧急情况时，旅客头顶上方服务面板中的氧气系统将会自动脱落氧气面罩，为旅客提供氧气。如果氧气面罩不能自动脱落，机组人员也可以在驾驶舱内人工操作使氧气面罩脱落。

　　接下来，旅客就可以像在飞机起飞时客舱乘务人员的安全演示中演示的那样，需要用力拉下氧气面罩，服务组件内的化学氧气发生器就可释放出氧气，然后把面罩罩住口鼻就可吸入氧气。

然而，航空公司的飞机上每排座位都只会多出一个氧气面罩。这个多出来的氧气面罩，就是专门为婴儿旅客提供的。这也是航空公司要强制安排一排座位只能有一个不占座的婴儿旅客的原因所在，如果多一个小婴儿，自然就没有多余的氧气面罩可供使用了。

现在的飞机一般都可以提供 12 分钟、15 分钟、22 分钟的供氧。那么为什么会有时间上的区别呢？这是由飞行航线中是否存在特殊自然地形决定的。如南航新疆分公司的 50 架飞机都采用了 22 分钟供氧系统，因为进出新疆的飞机都要飞越天山，飞机的应急系统必须要能满足该航线的供氧要求才有资格执行航线。

氧气系统是飞机上的重要应急系统，南航新疆的飞机"医生们"在每个航班执行完毕后都会检查其状况，确保氧气系统安全可靠。大多数旅客只有机会在演示录像中看到氧气面罩脱落的情景，如果你有机会来机库参观，你会看到每架飞机在做结构检修时都会在地面模拟客舱高空失密、全部氧气面罩落下的情景，目的就是要验证飞机的氧气系统处于正常的状态。

（资料来源：民航资源网．张雨，2015-09-21.）

讨论：飞机氧气系统为何被称为"救命的氧气系统"？

任务一　认识氧气系统

一、作用

氧气系统的功能是确保在飞行中飞机机身在失压的紧急情况下为机上人员提供呼吸用氧气。

二、组成

飞机氧气系统由两套完全独立的氧气系统，即空勤氧气系统和旅客氧气系统（包括服务员）组成，此外各机型客舱内还配有便携式氧气装置。

（一）空勤氧气系统

空勤氧气系统也称前驾驶舱氧气系统，是一套增压式气态氧气系统。驾驶舱采用的常规高压气态氧气系统，具有供氧时间长的特点，有利于保证空勤机组人员正常工作能力，确保飞行安全。位于驾驶舱后部右侧角落处设有一个可快速更换的高压氧气瓶，其容积为48立方英尺，B737由单个氧气瓶供氧气（容量114立方英尺），正常供氧时，可供驾驶舱人员使用2小时。氧气瓶上设有一个氧气压力表、一个关断活门和一个释压装置。

在驾驶舱内装有三个快戴式口鼻氧气面罩，分别用于正驾驶、副驾驶和观察员。每个面罩内均设有一个话筒。另外，在驾驶舱内还设有三副防烟护目眼镜。正驾驶、副驾驶和观察员每人一副。

在高空飞行座舱失密情况下，空勤氧气系统可以为空勤人员（包括正、副驾驶员和一名观察员）提供足够的氧气以维持正常飞行和保证空勤人员生命安全。另外，空勤氧气系统还可以防止吸入烟和有害气体对人体造成的危害。需要供氧时使用快戴稀释式供氧面罩、调节器，由安装在氧气面罩上的调节器控制氧气流量，这些面罩、调节器位于每位机组人员位置处，调节器通常选择在100%供氧位置。当座舱在高度超过3 000米（10 000英尺）运行时，驾驶舱内执勤的每一机组成员必须用氧。

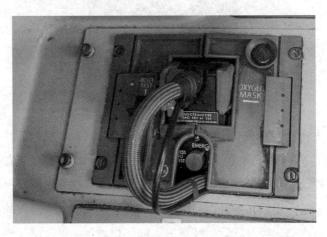

图5-1　驾驶员氧气面罩

（二）旅客氧气系统

旅客氧气系统采用固态化学氧气系统，由包括氧气发生器、氧气面罩和软管的氧气发生和分配装置及电气控制线路组成。每个独立的化学氧气发生器连同其附加面罩和互连软管组成一个组件。该化学氧气发生器设置在客舱下列位置：在每排旅客座椅上方、行李箱下部的服务板内和公共设施区及服务员座位上方均装有组合式化学氧气组件。

当氧气面罩拉向使用者时，力作用在拉火索上，氧气发生器开始供氧。

氧气发生器是一种固态化学供氧装置。氯酸钠芯体在雷管起爆后发生化学反应产生氧气，在芯体外面包有绝热层，避免芯体化学反应产生高温损坏周围部件。

氧气面罩将氧气输送给用氧者并使氧气浪费减到最少。面罩上装有吸气和呼气活门。并附带有储气袋、软管和拉火索。

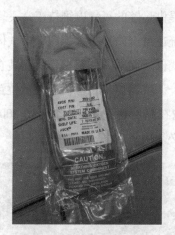

图 5-2　旅客氧气面罩

当座舱失密、座舱高度达到 4 268 米时，膜盒电门接通氧气面罩弹射开关，旅客氧气锁定机构使氧气组件门打开，氧气面罩自动掉下。当旅客（或服务员）向面部拉动面罩时，加压于拉火索上的力拔出氧气发生器点火销，使雷管起爆，化学氧芯点燃后几秒钟内即产生氧气。通过氧气发生器内的过滤罩过滤后，流到氧气出口，经过软管，纯氧进入储气袋再到面罩。供氧流量按预定程序逐渐下降，以满足飞机下降时流量要求，当流量下降时氧气面罩用座舱空气稀释纯氧。

氧气发生组件能够发热并会增加客舱的温度，因此会产生到燃烧的气味，并可能会出现一些烟雾。

洗手间内有两个氧气面罩。

（三）便携式氧气装置

座舱内还配有便携式氧气装置。便携式氧气装置是一种机动应急供氧装置，采用气态氧源。驾驶舱装有一套便携式氧气装置，旅客舱一般备有 3~5 套便携式氧气装置，其主要部件为手提式氧气瓶，这些氧气瓶安装有可随意使用的面罩，供空勤和乘务员在座舱失密、防烟情况下移动时使用，同时也可用于紧急救护。该装置重量轻，使用方便。

（1）驾驶舱便携式氧气装置

在驾驶舱内设有一个容积为 11 立方英尺的便携式带有调节器的高压气态氧气瓶，氧气瓶安装在能够快速分离的托架上。

（2）客舱服务员便携式氧气装置

在客舱内设有服务员使用的 4 个容量为 4.25 立方英寸的便携式高压氧气瓶，每个氧气瓶都带有调节器和面罩。这些便携式氧气瓶设置在旅客舱的下列部位：

a. 在右侧第一顶部行李箱内安装两个；

b. 在左侧最后一个顶部行李箱内安装两个。

氧气瓶连同调节器及其连接在一起的面罩安装在能快速分离的托架上。每个氧气瓶应具有每分钟 4 升和每分钟 2 升的两个出口。在后部顶部行李箱内靠近两个氧气瓶处设有两个附加面罩与这些氧气瓶一起使用。

三、工作原理

空勤氧气系统由高压氧气瓶、供氧压力调节器、氧气稀释调节器、氧气面罩和快卸接头等组成。

压力为 1 850 磅 / 英寸^{2}的高压气氧由氧气瓶切断活门控制，氧气瓶内氧气压力由瓶上的压力表指示。经过压力调节器活门使氧气压力降到 50~70 磅 / 英寸^2，然后到稀释调节器。稀释调节器的功能是自动控制空气和氧气的混合比，随着座舱压力变化其混合比也随之变化。在调节器面板上装有三个开关，可选择供氧方式。其中供气开关用于接通或断开供氧；稀释开关在"100%氧气"位置为面罩供纯氧，"正常氧气"位置时氧气与空气根据座舱高度混合，应急开关则在调节器自动工作发生故障时用来供给百分之百纯氧，并还可用于试验。在驾驶舱内，每个空勤人员处有一个快戴式氧气面罩。在稀释调节器面板上有一个"流量"，指示器指示供氧工作，一个压力表指示调节后的氧气供气压力。

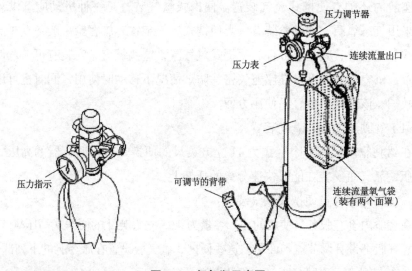

图 5-3　氧气瓶示意图

图 5-4　手提式氧气瓶

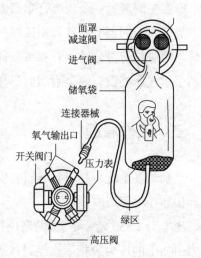

图 5-5　氧气面罩

任务二　了解各机型氧气系统的分布

一、A300-600 客舱氧气系统分布图

A=ATTENDANT SEAT　　　G=GALLEY　　　L=LAVATORY

+ 2MASKS　　　　　　　　· 3MASKS　■ 4MASKS

图 5-6　A300-600 客舱氧气系统分布图

二、A330-200 客舱氧气系统分布图

▲ 2MASKS　　　■ 3MASKS　　　◆ 4MASKS

· 5MASKS　　　+ 6MASKS　　　× 14MASKS

（下舱休息室内每位机组成员休息有 2 个）

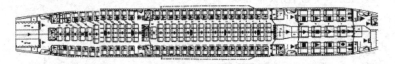

图 5-7　A330-200 客舱氧气系统分布图

三、A330-300 客舱氧气系统分布图

▲ 2MASKS　　　■ 3MASKS　　　◆ 4MASKS

· 5MASKS　　　+6MASKS

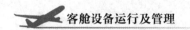

图 5-8　A330-300 客舱氧气系统分布图

四、B737-300 客舱氧气系统分布图

2　2MASKS—ATTENDANT SEAT，LAVATORY

3　3MASKS—RIGHT SIDE OF THE CABIN

4　4MASKS—LEFT SIDE OF THE CABIN

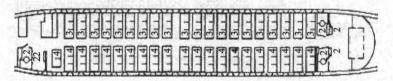

图 5-9　B737-300 客舱氧气系统分布图

五、B737-700 客舱氧气系统分布图

2　2MASKS—ATTENDANT SEAT，LAVATORY

4　4MASKS—CABIN

图 5-10　B737-700 客舱氧气系统分布图

六、B737-800 客舱氧气系统分布图

A=ATTENDANT SEAT　　　G=GALLEY　　　L=LAVATORY

● 2MASKS　　　　　+4MASKS

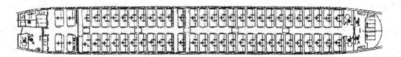

图 5-11　B737-800 客舱氧气系统分布图

七、B767-300 客舱氧气系统分布图

2　2MASKS—ATTENDANT SEAT

3　3MASKS—CABIN

4　4MASKS—CABIN

图 5-12　B767-300 客舱氧气系统分布图

民航安全

机舱高空失压：当飞机遇到"吸血鬼"怎么办？

事件：

2018 年 8 月 26 日，首都航空 JD5158 昆明至杭州航班从昆明长水机场起飞，飞行 20 多分钟后发生机舱失压，舱内氧气面罩弹出，飞机急速下降后返航，半个小时后飞机安全降落，9 名机组与 146 名乘客平安下机。

2018 年 7 月 13 日，爱尔兰瑞安航空 FR7312 航班发生机舱高空失压后紧急迫降，189 名乘客中 33 人受伤并接受住院治疗。

2018 年 5 月 14 日，四川航空 3U8633 航班飞行途中，驾驶舱右侧玻璃突然破裂，座舱严重失压，机组紧急应对，20 分钟后安全备降……

疑问：

机舱高空失压到底是怎么回事？它有什么危害？我们该怎样避免同类事件

发生？

解析：

飞机机舱高空失压事件时常见诸报端，美国联邦航空局前高官乔治·多罗乌曾在媒体采访时表示，"它就像吸血鬼一样折磨飞机"。

1938年，波音307"平流层"客机实现了人类首次加压高空飞行，此后人们逐渐意识到加压对飞行安全的重要性。考虑到成本、机舱壁承受力等因素，机舱内通常不加1个标准大气压，而是0.6个大气压（相当于海拔3000米左右高度的大气压），且人类对0.6个大气压具有非常好的适应能力。

一般来说，短航线的飞机在6000米到9600米飞行，而长航线的飞机则是在8000米到12000米之间飞行。

当飞机在10000米左右的高空飞行时，由于此高度的大气压力很低，氧气含量相对不足。因此，需要对机舱进行增压，保证客舱里的气压与海平面气压差异不大。这样，飞机上的人们就可以正常呼吸，身体不会出现不适。

北京航空航天大学航空科学与工程学院教授黄俊告诉《中国科学报》记者，理论上，如果机体破损，密封不严，导致机舱内无法达到增压效果时，就会发生高空失压，机上人员会出现呼吸困难，严重者会危及生命。

"飞行中机舱发生高空失压是比较少见的现象。如果飞机出现机械故障，如机舱增压系统、引气系统故障等，也会使机舱增压效果受损或不足，出现机舱低压报警。"黄俊说，"因此，需要对事故进行详细分析，才能得知机舱压力不足或失去压力的原因。"

如果机舱发生高空失压，舱内气压突然下降，此时，对人体的伤害极大。耳膜由于瞬间内外巨大的气压差变化，极易受损，且长时间暴露在高空低温环境中，人极易冻伤。高空低气压还会对人体多数器官造成伤害，严重者导致血管、脏器胀开。

航空专家王亚男介绍说，如果失压原因不是机体严重破裂导致，那么对飞机不会造成其他损伤。如果机体破裂，那么失压会对飞行安全造成很大影响。"增压的机舱就像一个吹鼓的气球，如果在气球上出现一个破洞，那么严重时，这个气球很有可能爆掉。"

"因此，民航客机的结构设计要求非常严格，其中一个重要指标就是，当飞机发生局部破损时，破损的状况不能迅速扩散到其他结构部分。"王亚男表示，如果飞机发生非严重性破损导致机舱高空失压，且机体各机能正常，只要飞行员处理得当，多数情况可以化险为夷。

"一旦发生机舱高空失压，飞行员需要做出快速反应，处置操作就是紧急下降——将飞机从上万米的高度，下降到 3000 米以下的安全高度。"军事评论员、航空科普作家田晨表示，飞机的下降速率和飞机姿态都可保持在飞机结构强度的安全范围之内，不超出飞机的可承受载荷。

当飞机下降到 0.6 个大气压的安全高度后，机上人员才能够正常呼吸，接下来飞行员会操作飞机就近找备降机场降落。

机舱高空失压发生的第一时间，机舱内氧气面罩会自动或手动落下，乘客须戴上面罩以保证呼吸正常。

"携带氧气瓶存在一定危险性，因此，飞机机舱内的应急氧气系统是化学制氧，会有让人感觉不适的味道。但是，这些都是经过严密检测的装置用品，不会对身体造成伤害。"田晨说。

王亚男建议，乘客登机时，要在空乘人员的帮助下，了解学习安全器械的使用操作指南。发生突发情况时，要听从机组人员的督导和指挥，在氧气面罩落下时，按照正确方法戴上，冷静应对。

（资料来源：中国科学报 . 2018-09-04.）

学习效果检测

扫描下方二维码，检测你的学习效果。

05

学习检测

06

客舱设备图片
展示（部分）

项目六
应急救生系统

项目导读

　　本项目主要介绍飞机应急救生系统的组成、救生设备的数量及其在机舱内的位置，并通过案例分析应急救生系统所起的作用。

学习目标

　　1. 了解应急救生系统的组成、数量及其在机舱内的位置；

　　2. 重点掌握各种应急救生系统的使用方式和操作步骤。

📄 案例导入

民航深圳安全生产活动：旅客体验机上应急设备使用

　　2019 年 6 月 16 日，深圳机场联合民航深圳监管局、深圳市交通运输局以及南航、深航、海航、东海航、春秋航、金鹏航等航空公司，在深圳机场航站楼举办了以"防风险、除隐患、遏事故"为主题的民航深圳地区 2019 年安全生产宣传咨询日活动。

　　此次民航深圳地区 2019 年安全生产宣传咨询日活动结合民航行业特色，将民航安全知识等内容宣讲融入快闪歌舞、安全器械演示、应急设备体验、有奖互动问答等创新形式中，通过活动让过往旅客零距离感受民航安全文化。

　　在现场互动体验中，旅客们在工作人员的指导下，现场学习并体验了救生衣及氧气面罩的正确穿戴方法。机场安检、地服、净空管理，以及航空公司飞行、空乘等不同岗位的民航工作人员，以有奖问答形式，对航班延误、行李托运、危险品运输等热点问题和乘机知识做了宣讲普及，吸引了不少旅客互动参与。"以前只知道出发地和目的地天气会导致飞机晚点，现在知道了，原来'航路天气'也会对航班运行产生影响。"旅客刘女士表示，以后再遇到航班延误，自己会多一分理解和耐心。

据了解，近年来，面对日益增长的客货运业务，深圳机场始终坚持"安全优先"发展理念，将安全生产贯穿于航班运行和服务保障全链条。在持续完善安全管控机制的基础上，通过加大安防新技术、新设备投入力度，不断提升机场安全管理智能化水平。此次安全生产月期间，深圳机场还将系统开展安全知识宣传、事故警示教育、从业人员安全工作作风宣讲等系列教育活动，加强现场作业人员安全意识培养，保障机场安全生产形势持续稳定。

（资料来源：民航资源网．叶丹，郝广凯，2019-06-16.）

讨论：如何让民航旅客更好地理解和接受民航安全文化？

任务一　熟悉飞机应急救生系统组成与布局

一、应急救生系统的组成

（一）陆上救生设备

陆上救生设备包括应急撤离滑梯，逃生绳（包括客舱与驾驶舱两种），应急斧，急救药箱，手提式扩音喇叭等。

（二）海上救生设备

海上救生设备包括救生船组件、救生衣和应急救生电台。此外，还有可作个人漂浮用具的机内各座椅的防震靠垫等。

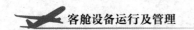

二、应急救生系统的布局

表 6-1 和图 6-1 展示了某机型客舱应急设备的类型和分布位置。

表 6-1　应急设备分布位置

图　标	名　称	客舱数量	客舱存放位置	驾驶舱数量
	氧气瓶	4	2 排、10 排、17 排、31 排 CDE 行李架上各 1 个	2
	HALON 灭火器	2	2 排行李架上、后舱 31 排 AB 后面各 1 个	1
	水灭火器	2	1 排 AB 行李架上 1 个、后舱 31 排 AB 椅背后下方 1 个	
	应急医疗箱	1	4 排 CDE 行李架	
	急救箱	2	2 排、31 排 CDE 行李架上各 1 个	
	麦克风	2	1 排、31 排 AB 行李架上各 1 个	
	应急斧			1
	婴儿 / 儿童救生衣	4	飞机左边最后一个行李架内	
	旅客 / 机组救生衣	143+5	每个机组人员和旅客座位下一件	3
	救生船	4	普通舱：前、后部天花板上共 4 个	
	紧急出口无滑梯	4	客舱中部机翼紧急出口共 4 个	2
	紧急出口带滑梯	4	1L 门 1 个，尾锥门 1 个（可抛掉尾锥），1R 门、2L 门各 1 个	

图　标	名　称	客舱数量	客 舱 存 放 位 置	驾驶舱数量
	加长安全带	4	飞机左边最后一个行李架内	
	手电筒	5	每个乘务员座位附近各 1 个	3
	应急轻便灯	1	在前乘务员座位边靠门框处，可用 30 分钟	
	脱离绳	2	在客舱两侧机翼紧急出口处各 1 根	2
	演示包	2 包	1 排 AB 行李架内 2 套，31 排 AB 行李架内 1 套（集成包装）	

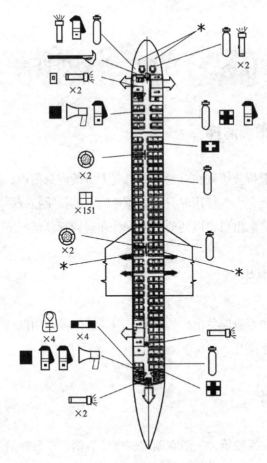

图 6-1　应急设备分布示意图

飞机在发生紧急情况迫降时，可通过如下路线撤离
飞机：

（1）在驾驶舱内可打开的观察窗；

（2）前登机门；

（3）前厨房服务门；

（4）机翼上方（4个）应急出口：位于机翼上方的
机身两侧，每侧有2个应急窗口；该应急窗口从飞机的
里面和外面都能打开，便于旅客快速撤离飞机；

（5）后厨房服务门；

（6）尾椎舱后的后附件舱。

图6-2　应急出口

任务二　了解应急救生设备

一、应急撤离滑梯

应急滑梯一般折叠镶嵌在客舱门和机翼上方的应急门内，像一个包裹一样
并有特定的开启装置。在使用时只要将应急门上的拉手拉开，应急门就会自动
打开充气，敞开应急出口，以便使机上人员在遇到紧急情况下迅速撤离飞机。

二、应急逃生绳

驾驶舱窗户和客舱应急出口处放置有应急逃生绳，用以在紧急情况下帮助
机上人员安全快速离开。

三、应急斧

应急斧存放在驾驶舱，一般在副驾驶座位后面，应急斧的强度足以切割金
属、开洞和强行打开门和窗户。

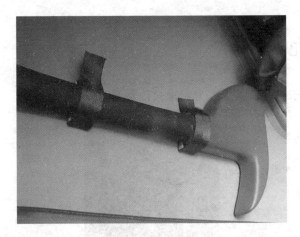

图 6-3　应急斧

四、手提式扩音喇叭及应急呼救电台

全机共有两把手提式扩音喇叭，一台呼救电台，它们都分别放在客舱顶部行李箱里。

图 6-4　扩音器和信标机

五、手电筒

手电筒用于指挥、搜索、发出求救信号等。

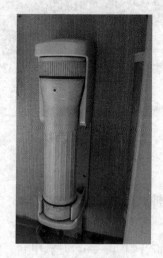

图 6-5　手电筒

（一）使用有电量指示灯的手电筒

（1）直接从支架上取下灯即亮，通常可持续使用 4 小时以上；

（2）用后重置：把断路开关嵌入支架使之复位，否则，电池将被耗光；

（3）电量指示灯：若闪亮间隔时间在 10 秒钟以上或变暗，表明电量不足，需更换电池。

（二）使用干电池手电筒

（1）支架上取下，按下按钮灯即亮，如灯暗，则表明电量不足；

（2）用完后关掉电源，放回支架。

六、信标机

信标机也称"应急定位发射机"（Emergency Locator Transmitter，ELT）。

信标机用于在紧急情况时为援救提供一个方位信号，每次只能使用 1 个。使用时发射无线电频率，频率为 121.5MHz 和 243MHz，一旦接通，信标机将持续发射 48 小时以上，作用范围大约 350 公里。信标机在咸水中比在淡水中发射时间长，在冷水中比在热水中发射时间长。

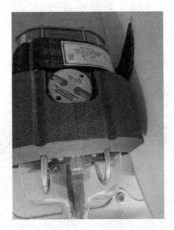

图 6-6　信标机

（一）在水上操作

（1）将信标机上的绳索绑在船上；

（2）将信标机投入水中，绳索自动松开（在海水中 5 秒钟后开始工作，在淡水中 5 分钟后开始工作）；

（3）放入水中后天线即自动伸直；

（4）使信标机与船体保持尽可能大的距离；

（5）中止发射时，将信标机从水中取出并把它平放在船上。

（二）在陆地上操作

（1）阅读信标机上的说明；

（2）将信标机放到最高处，尽可能周围无障碍物；

（3）松开绳索，伸直天线，取下缠绕在瓶体上的塑料袋；

（4）将信标机放入盛满水的塑料袋中（不可使用带颗粒状物体的液体不停晃动），条件允许的话，经常更换塑料袋内的水，塑料袋中的水必须高于信标

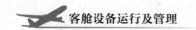

机的注水孔。

七、坐垫

坐垫可以作为漂浮用的工具。在紧急情况下，上拉并拔出客舱坐垫；将带子展开，把垫子压在胸前，紧抵下颌；双臂从带子中伸出，坐垫紧抵下颌，双手相扣或抓住两侧的带子。

任务三　认识救生衣和救生船

一、救生衣

驾驶员和乘务员座椅下装有救生衣，每个旅客座椅下的存放袋内也装有救生衣。此外，在储藏间内还会放置儿童救生衣和婴儿救生衣。

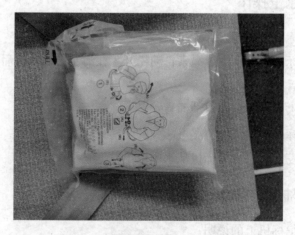

图6-7　救生衣

（一）成人救生衣

（1）拉黄色标签带打开塑料包取出救生衣；

（2）将救生衣从头上穿过，红色充气阀门应在身前；

（3）将带子从后向前扣好，系紧；

（4）调节带子的松紧，使救生衣下端与腰部吻合；

（5）在离开飞机前拉下红色充气阀门使两个气囊充气；

（6）如果救生衣漏气或不能充气用人工充气管充气。

（二）儿童救生衣

（1）拉黄色标签带打开塑料包取出救生衣；

（2）将救生衣从儿童的头上穿过，红色充气阀门应在身前；

（3）将背后的救生衣拉下使其完全展开；

（4）将带子从小孩的两条腿间打叉穿入前面的环中扣好，系紧；

（5）调节带子的松紧使救生衣下端与腰部吻合；

（6）多余长度的带子缠在小孩的腰间；

（7）离开飞机前拉下一个充气阀门使一个气囊充气；

（8）若救生衣漏气或不能充气用人工充气管来充气。

（三）婴儿救生衣

（1）打开塑料包取出救生衣；

（2）将救生衣从头部套进；

（3）把一条腿从环形绳索中间跨过——慢慢抽动两腿间的绳索，但不要太紧；

（4）扣好腰间的带子，并系紧；

（5）拉动红色充气手柄或用人工充气方式使救生衣充气。

（四）特殊考虑

救生衣正反可以调换；若要释放出救生衣内气体，压下充气管内的阀门并挤压救生衣使气体挤出；旅客救生衣是黄色的；机组救生衣是红色/橘黄色的；示范用救生衣是黄色的，并设计成不可充气的。

（五）救生衣定位灯

救生衣定位灯用于夜间确定落水旅客的方位。当海水浸入救生衣中底部电池块上的两个小孔内时，电池即开始工作，定位灯将在几秒钟内点亮并可持续亮 8~10 小时。

二、救生船

（一）作用

（1）应急撤离滑梯可以作为救生船，其余的救生船一般在机身中段中央过道顶部的救生船存放箱，可用于水上迫降时撤离旅客；

图 6-8　救生船

（2）救生船为圆形 / 椭圆形，折叠后装入带有搬运手柄的包装袋中，使用时无须解开包装袋上的绳扣。救生船包重量为 50~64 千克；

（3）两个充气管分别位于船的上下两侧，无论哪一面在上，救生船都可以使用；

（4）断开手柄、人工充气手柄、缠绕好的系留绳都位于包装袋上一块颜色显明的盖布下；

（5）救生包系在展开的船上，由一根绳子连接着漂浮在水中，撤离时必须将其拉入船上。

（二）救生船内设施

救生船上所有设备都有标牌以便迅速识别。不使用时，设备必须储藏并固定在船上以防丢到船外。

1. 天篷

天篷用于保护幸存者免受日晒和在炎热天气下避免脱水，保持救生船干燥，它色彩明亮，具有反射性的颜色可用作信号装置，并在下雨时获得水源。

安装步骤（1）：

a. 从救生包中取出天篷和支撑杆；

b. 将天篷支撑杆插好并固定；

c. 将救生船定位灯露出天篷；

d. 确信天篷拉链式的开口在登船位，支撑杆穿入天篷上的孔中将天篷支起来，从逆风一侧开始撑以便在大风天气控制天篷；

e. 用索扣或小绳子将天篷与船固定好。

安装步骤（2）：

a.（圆形船）将中央支撑杆的接头接好；

b. 将支撑杆插入救生船天篷顶部的支撑孔或支撑杆固定位并固定好；

c. 再将支撑杆插入底部的支撑孔处并固定好。

安装步骤（3）：

a. 从救生包中取出天篷并展开；

b. 按照包装袋上的说明，将天篷罩在两侧的充气柱上，将天篷顶部的系留绳与相对应的充气柱顶部附近的系留点相连接；

c. 用嘴对松软的天篷支柱吹气，将其安放在救生船中央，支起救生船中部；

d. 将天篷的系留绳系在对应的中央充气柱系连点上；

e. 按下述方法打开位于天篷两端即可进行对流通风，两个固定绳索位于天篷的表面顶部和对应的内侧顶部；将天篷布向上卷起至固定绳索处，用内外固定绳索将其固定住。

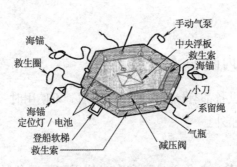

图 6-9　圆形救生筏装置图

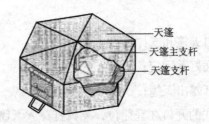

图 6-10　带天篷的圆形救生筏装置图

2. 钩形小刀

钩形小刀安装在系留绳旁，用来割断系留绳将船与飞机脱离开。这项工作必须在旅客撤离结束后尽可能早地完成，以防止接触到尖锐的金属残片或溅出的燃油。

3. 救生圈

救生圈上连接有一个带橡皮环的缆绳，用来营救落水旅客或将救生船与救生船连接起来。

4. 海锚

海锚是一个小的伞状尼龙织物，系在船的外侧边缘，它的位置在船身上有标记。在一些救生船上它是自动抛放的，另一些救生船上则必须把它从袋中取出然后人工抛出。

为便于营救，应将船与船连接后停泊在飞机附近。

抛锚时应在救生船逆风的一侧，以减少救生船在水上的漂荡和打转。

5. 定位灯

定位灯与救生衣上的指示灯一样是利用水驱动电池工作的。它位于登船位附近用以帮助旅客从水中登上救生船。灯光可以帮助营救人员在狂风暴雨中识别救生船。

6. 救生包

包内的东西对于在陆地和水上紧急情况时生存很有用。在所有展开的救生船、滑梯 / 救生船上，救生包都是系在滑梯救生船上的，A320/A321 型飞机在水上迫降准备时需人工将储藏在行李架上的救生包连接到滑梯 / 救生船的锁扣装置上。在水中救生包由一根绳索连接，拖挂在救生船外的。在救生船、滑梯 / 救生船与飞机脱离后，尽快将其拉进船内。

（1）人工充气泵

用来给充气不足的救生船气囊充气。插入或拧入阀门（在明显指示处），如果是拧入的，在充气前阀门必须转到打开位置，在拆下气泵时阀门应在关闭位置（必要时卸下气泵后，用手动方式拧紧阀门）。

关闭时应逆时针旋转。

 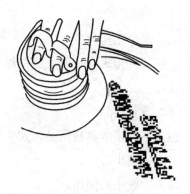

图 6-11　人工充气泵阀门　　　　　图 6-12　旋转阀门

（2）救生船手册 / 求生手册

手册内容包括救生船及其设备维护说明和详细的求生说明。

（3）修补钳

修补钳用来修理破损的救生船面。操作时小心撕开或用小刀割开小的磨损口将修补钳下部的垫片穿入磨损口；面向内层将垫片放平，然后将上方的盖片压下盖好封严；放下翼形螺帽将修补钳的两部分垫片拧在一起。在修补钳上拴着的长绳必须在船上系好，以防掉出船外。

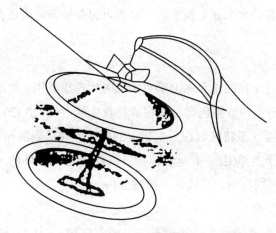

图 6-13　修补钳

（4）饮用水

大部分救生包中都装有几升的饮用水，如果是罐装饮用水必须备有开罐工具。

（5）水净化药片

这些药片用来净化收集到的淡水，但不是去盐药片并不能淡化海水／咸水以供饮用。

（6）急救用品

包含各类基本急救用品，如，夹板绷带、碘酒、药膏、氨水吸入器等。

（7）通用小刀

作为一般小刀使用。

（8）信号弹

种类 A：

为单筒双端的类型，信号弹壳体外印有说明书，只有在飞机或船确实可以被看到或接近时才发射信号弹，使用时打开盖子，拉出信号弹中环形导火线引燃信号弹。使用完后，将燃过的一端浸入水中。冷却后，保存好信号弹未用的一部分并存放在救生包内。

白天发射的一端盖面上摸起来是平滑的。弹筒内喷射出明亮的橘红色／红色烟雾，晴朗、无风的天气可以在 12 公里外看到，并且烟雾可持续 20 秒。夜晚发射的一端是通过保护盖上的几个突出圆点区分的。信号弹喷射出闪亮的红色光柱，晴空的夜晚可以在 5 公里外看到，并且亮光持续大约 20 秒。

操作注意事项：确认好端部再使用；水上迫降时，在船的下风向一侧握住信号弹伸出船外（水面上方），防止热的燃屑烧坏救生船并防止信号弹的烟雾吹向船上的人员。陆地迫降时，应在高的开阔地带使用。

种类 B：

这种信号弹持续燃烧 6 秒，可等于同时点燃 3000 支蜡烛所产生的光度。

操作方法：

a. 取出信号弹装置盒。

b. 沿信号弹装置盒开口一端推出信号弹发射器。

c. 拉开信号弹装置盒侧面的橡胶条。

d. 将信号弹发射器上端推入信号装置盒顶部的孔内，顺时针转动到位，使信号弹与发射器相连（连接时禁止扣动发射器扳机）。

e. 拔出带有信号弹的发射器。

f. 将发射器竖直举过头顶，大拇指向下扣动扳机并迅速松开，信号弹即射出。

g. 逆时针旋转信号弹的残余部分，将其从发射器上卸下，将发射器推进信号弹装置盒内，合上侧面的橡胶胶条。

注意事项：若在咸水中浸泡后，用清水冲洗发射器和储藏信号弹的凹槽，以防信号弹装置盒内的金属受海水腐蚀；发射装置工作时会产生巨大的热量，切勿射向人群；发射前不要扣动扳机。

（9）手电筒

靠电池工作时利用开关或浸入水中接通。在不用时一定要保存好电池。手电筒开启时，亮光在 15 公里的海域内都可以看到。

（10）信号反射镜

用来向过往的飞机和海上的船只反射太阳光，镜面上反射光的视程可超过 23 公里，反射镜可反复使用，若在白天连续使用，可以给船上的人员互相传用。

使用时，将太阳光从镜子上反射到一个近旁的表面（筏、手等）；渐渐将镜子向上移到眼睛水平处并能通过观察孔观看到一个光亮点，这就是目标指示光点；慢慢地转动身体调节镜子方向使目标指示光点落在目标上。需要注意的是拴在镜角上的绳子必须在手上套好，以免掉入水中。

（11）哨子

哨子可以在雾天或晚上时用来召唤幸存者，或其他救生船以及水上较近区域的船只。

（12）舀水桶、吸水海绵

舀水桶、吸水海绵用来收集水或清除船内积水。

（13）海水染色剂

海水染色剂适合在看到搜寻和营救人员并且海水相对比较平静时使用，这种海水染色剂含有的化学试剂可以将救生船周围 300 米的水染成荧光绿色，持续时间约为 45 分钟；若是用于波涛汹涌的海面时间会短一些。晴天和日光下平静的海面上容易被看到。

使用时将短绳系在救生船逆风的一方，拉下盖片释放染色剂，然后扔到水中。

（14）海水脱盐剂

海水脱盐剂可以将海水净化成淡水饮用，使用方法是取出一包化学剂，移除表皮包裹，将化学剂放入袋子里，加入海水至粗实线；将袋子顶口向下折紧，卷向扣件，并且拉紧使水封口严密，让化学剂在包内停滞几分钟，使其分解；如果必要，可将化学剂轻轻地捏成粉末直到其溶解；轻轻地摇动袋子 60 分钟；喝水时，旋开袋子底端的阀门，不要挤压袋子，将阀门放入口中，轻轻地挤压袋子或者吮吸阀门。

任务四　熟悉应急医疗设备

应急医疗设备包括应急医疗箱、急救箱和防疫包，需要均匀分布在客舱前后便于机组人员取用的位置。一般前舱放置 1 个急救箱和一个防疫包，应急医疗箱和其余急救箱放置在后舱，应有明显标识。

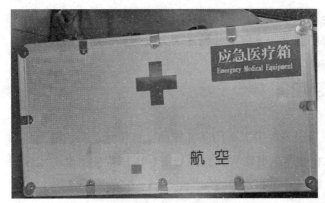

图 6-14　应急医疗箱　　　　　　　　　图 6-15　急救箱

图 6-16　防疫包

一、应急医疗设备

应急医疗箱能为机组人员和需治疗的人员提供基本的药品。急救箱为具有医疗执照证书、专业证明或能够使用急救箱中的器具的人员提供基本的医疗器具。防疫包则用于清除客舱内血液、尿液、呕吐物和排泄物等潜在传染源。

急救箱和应急医疗箱的锁头必须在旅客登机前被打开，药箱上的铅封或封条必须完好。如铅封已断开或封条已被撕开，乘务员应检查药箱内的药品、器械有无缺损，并填写"使用反馈信息卡"。

使用时，打开锁，松开急救药箱两侧的锁扣，断开铅封，打开盒子。如药箱已使用过，航班结束后锁上药箱，扣好药箱固定锁扣，及时反馈给药箱管理部门，以保证药箱管理部门在下一个航班开始之前完成药品、器械的补充。

二、应急医疗物品配备

每个应急医疗箱内应当至少配备以下药品和物品：血压计、听诊器、口咽气道（三种规格）、静脉止血带、脐带夹、医用口罩、医用橡胶手套、皮肤消毒剂、消毒棉签（球）、体温计（非水银式）、注射器、0.9%氯化钠、1:1000肾上腺素单次用量安瓿、盐酸苯海拉明注射液、硝酸甘油片、醋酸基水杨酸（阿司匹林）口服片、应急医疗箱手册（含药品和物品清单）、事件记录本或机上应急事件报告单。

表 6-2　应急医疗箱药品配备示例

药　品	配备标准
盐酸肾上腺注射液 1ml	2 支
苯海拉明片	20 片
索米痛片	20 片
颠茄片	20 片
小檗碱片	24 片
50% 葡萄糖注射液 20ml	3 支
硝酸甘油片 0.5mg	20 片
外用烧伤药膏	3 支
皮肤消毒剂	100ml

表 6-3　应急医疗箱药物剂量、用法及注意事项

药　名	主要用途	用法用量	规　格	注意事项
50% 葡萄糖注射液	低血糖症	静脉缓慢注射 20~60ml/ 次	20ml	1. 缓慢注射 2. 糖尿病患者慎用
盐酸肾上腺注射液	过敏休克、心搏骤停	皮下或肌注 0.25~1mg/ 次	1mg	1. 缓慢注射 2. 禁用于器质性病变（心脏病、高血压等）

续表

药　名	主要用途	用法用量	规　格	注意事项
苯海拉明片	过敏性疾病、妊娠呕吐及晕动病等	1~2 片 / 次	50mg	
硝酸甘油片	缓解心绞痛发作	舌下含化 0.5mg/次	0.5mg	青光眼患者忌用，急性心肌梗死患者慎用
索米痛片	发热、头痛、神经痛、月经痛	1~2 片 / 次		
颠茄片	胃及十二指肠溃疡和胃肠道痉挛	1 片 / 次		
小檗碱片	痢疾杆菌等肠道感染	0.1~0.3 克 / 次	0.1mg	
外用烧伤药膏	烫伤	适量涂患处		

每个急救箱内至少配备以下医疗用品：绷带、敷料（纱布）、三角巾、胶布、动脉止血带、外用烧伤药膏、手臂夹板、腿部夹板、医用剪刀、医用橡胶手套、皮肤消毒剂及消毒棉、单向活瓣嘴对嘴复苏面罩、急救箱手册（含物品清单）、事件记录本或机上应急事件报告单。

表 6-4　应急医疗箱器械和敷料配备示例

器械和敷料	配备标准
血压计	1 副
听诊器	1 副
剪刀	1 把
口咽导气管	2 套
手肩夹板	1 副
腿部夹板	1 副
止血钳	1 把
止血带	2 根
乳胶手套	1 副
注射器 5ML、60ML 及针头	各 2 副
手电筒	1 把
敷料块	8 块

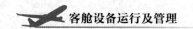

续表

器械和敷料	配备标准
三角绷带	5 包
绷带 10cm×600cm	10 卷
绷带 6cm×600cm	4 卷
消毒棉棒	40 支

防疫包的配备要求是每架飞机在载客飞行中所配备卫生防疫包的数量不得少于每 100 个旅客座位 1 个（100 座以内配一个。）

表 6-5 防疫包

名　称	数　量
液体、排泄物消毒凝固剂	100 克
表面清理消毒片	1-3 片
皮肤消毒擦拭纸巾	10 块
防渗透橡胶（塑料）围裙	1 条
吸水纸（毛）巾	2 块
生物有害物专用垃圾袋	1 套
医用口罩	1 副
医用眼罩	1 副
医用橡胶手套	2 副
便携拾物铲	1 套

民航安全

生命至上：国航西南乘务组机上急救旅客纪实

2019 年 2 月 23 日 CA457 成都 – 巴黎航班，对于国航西南分公司客舱部主任乘务长孔翔宇而言，这个航班和她带班飞行的许许多多的航班一样平常普通。凌晨 2 点起飞的航班，像往常一样，她和乘务组一起在客舱里忙碌着，为旅客提供着服务。她也和平时一样，忙完之后照例进行客舱巡视。正当她巡舱至 2 号门处时，一名 20 多岁的年轻男子突然急切地向她求助，告知她自己心慌得厉害，血压偏高，四肢感到发麻，全身不适，请求用氧。

孔翔宇听到旅客的求助，立即观察了旅客的情况，发现这名旅客自己带着手腕血压计，脑袋里的弦立刻紧绷了起来。她立马通知了该区域的责任乘务长张虹和区域乘务员，协助她进一步观察了解情况。"请问您现在有何不适？是否有心脏病、高血压病史？是否有其他病史？身边自带药了没？"通过询问，乘务组了解到，这位旅客自述没有其他病史，也没有自备药品，在地面时身体状况都是正常的，而且旅客在此过程中呼吸明显愈发急促，身体在无意识抖动，肌肉僵硬，脉搏跳动很快，状况非常不好。于是，乘务组立即报告机长，在广播寻找医生和降压药未果的同时，为不适旅客提供了吸氧，并轻声安抚情绪不稳定的旅客。

可是该旅客在吸氧的过程中，情况出现反复，他还曾尝试取下面罩暂缓供氧，并自称头部疼痛剧烈，四肢发麻无力，而且头上冒汗，脉搏竟然高达 132 次/分钟。得到客舱乘务组对旅客情况的随时报告，考虑到旅客的生命安全，机长当即决定返航。考虑到返航需要一段时间而且旅客的状况并不太好，主任乘务长孔翔宇指示乘务组提前做好机上急救的各项准备，将机上急救药箱和医疗药箱取出，放置在附近备用，并对全组人员进行了细致分工：由她本人和 4 号乘务长张虹参与全程的救治处置以及与机组的信息传递，6 号区域乘务长余漫负责整个经济舱的监督、管理以及服务工作；乘务员李晓娜、黄娟和姚瑶服务职责前移，乘务员刘梅在客舱服务的同时监控好后厨房，头等舱乘务员刘艳姣负责记录处置情况，李娜负责头等舱服务以及应急设备的补充更换，伍丹负责头等舱服务以及机组服务，并要求安全员马强守护好驾驶舱门，防止一旦出现急救时，前舱无人，空防安全出现隐患。在此同时，4 号乘务长张虹也做好随时进行 CPR 的准备，主任乘务长孔翔宇也根据组员的情况明确了接替顺序……一个个清晰的指令从孔翔宇的口中冷静果断地一一发出，所有的乘务员也随即有条不紊地做好了各自的分工准备。

距离返航目的地还有两个多小时，每个组员都不敢有丝毫的松懈，随时关注着生病旅客的情形。突然，生病旅客用左手紧抓住左胸口，呼吸出现困难，自述左胸疼痛放射至左后背，旅客提出要使用硝酸甘油。因为机上没有医务人员在场，乘务组报告机长后，机长指示开启应急医疗箱药箱并决定实施紧急备降到西安。

在服下硝酸甘油后，旅客的症状逐步有所缓解，但病情仍然不稳定，血压不正常，脉象偏弱。一旦脉搏超过100次/分，他就开始焦灼不安，情绪不稳，双手乱舞，乘务长张虹手臂和手背也因此被他抓得一片青紫。可张虹强忍着疼痛，没有吭一声，不停地安抚着旅客的情绪。由于生病旅客表示自己只能站着才感觉着舒服一些，又要兼顾他不间断的吸氧，孔翔宇和张虹两个人从处置时间段开始就一直在客舱站了2个多小时，中间没有坐下来休息过。她们两个一边注意随时观察旅客病情，与机组和其他组员保持密切的联系，一边告知旅客国航的乘务员都经过专门的救护知识学习培训和严格考核，让他可以充分信任乘务组的专业素质，信任国航的安全品质。乘务长充满自信坚定的话语渐渐缓解了旅客紧张的情绪，由于需要吸氧，旅客只能通过文字和乘务组进行交流，他在纸上不断地写下了自己"濒临死亡"的感受以及对乘务组救治和照顾的感谢。

目睹了整个急救事件的处理，旅客们纷纷对国航乘务组迅速冷静正确专业的处置给予了肯定。当有一名白金卡旅客和主任乘务长孔翔宇在交流中谈到因机上旅客生病国航返航备降受到的损失和影响时，孔翔宇回答道，旅客生命安全至上，这是国航一贯秉持的宗旨和原则，每一个国航人遇到这样的情况，都会像今天这样义无反顾地做出同样的处理。因为，大爱无疆！

（资料来源：民航资源网.陈黎艳，2019-03-04.）

学习效果检测

扫描下方二维码，检测你的学习效果。

06

学习检测

07

客舱设备图片
展示（部分）

项目七
空调系统和照明系统

项目导读

　　本项目主要介绍旅客舱空调系统的组成、空气来源及工作原理，飞机驾驶舱、客舱的照明系统设备的布局和组成，以及飞机上其他一些照明系统的作用。

学习目标

　　1. 了解座舱空调系统的组成及工作原理；

　　2. 重点掌握如何控制和操作旅客舱空调系统；

　　3. 了解飞机照明系统的五个分系统及其作用；

　　4. 重点掌握驾驶舱、客舱照明系统的操作规定。

📖 案例导入

波音 787 "梦想客机" 入湘，登上这架大飞机会是一种什么体验？

　　2021 年 6 月 6 日，波音 787 "梦想客机" 今年首次被调派入湘支援后，获得了许多旅客的好评。和我们熟悉的波音 737、空客 320 相比，波音 787 究竟有什么独特之处？

变色舷窗加情景灯光，浪漫满舱满足少女心

　　除了超大空间带来的无与伦比的舒适度外，波音 787 的感官体验相比其他飞机也上升了好几个层次。

　　尺寸比一般的飞机大 65% 的超大舷窗令每个座位上的乘客都可以欣赏到

窗外的美景，只需轻触按钮，便可使舷窗在明暗之间变化，即使在全暗模式下，仍可欣赏到窗外的景色。

客舱富有现代气息的天穹顶造型以及柔和的照明，使旅客仿佛置身于开阔的苍穹下，空间感明显增强。在工作人员的演示下，我们看到多彩的 LED 照明将蓝天和自然光的感觉带入客舱，其亮度与颜色可针对登机、巡航、用餐或睡眠等不同阶段进行设定，包括模拟星空。

想象一下，在枯燥的旅途中，耳朵里是轻柔的音乐，视野里有模拟的星空，这个梦幻的画面，简直让人梦回十八，冒出无数粉红泡泡。

全新科技带来"梦想"体验 还能节省约 20% 的燃油

除了发动机和丰富的娱乐设施外，波音 787 在多项设计和技术应用上都集艺术、科技、绿色、优质于一身，充分体现了现代绿色飞行的理念。

从邵阳接孙子去上海的马阿姨告诉记者，她经常坐飞机出差、旅游，也乘坐过几次波音 787 了："这个飞机很新，客舱里的噪声也很小，我家小朋友在上面从来没有哭闹。而且飞机上的娱乐系统也很丰富，让我们的旅途有趣不少。"

南航湖南分公司飞机维修厂、飞机维护工程师黄生文介绍，马阿姨体验到的"噪声小"，源于飞机发动机外壳"锯齿边"的设计，这种设计可有效减小客舱内外的噪声。除了发动机之外，飞机一系列人性化的设计也使旅客的乘机体验更佳。比如，客舱空调系统采用了新型气体过滤技术，在增大座舱空气湿度的同时使空气更为清洁，配合改进后的客舱压力，为旅客提供了舒适的乘坐环境。据悉，787 客舱空气压力相当于 6000 英尺高度的气压，比其他机型低 2000 英尺，这有助于改善血液对氧气的吸收，可减少飞行中的头痛、眩晕和疲劳。

黄生文工程师说，该机型正是由于采用了包括复合材料、更多电气系统、先进气动性能、推进系统等多项最新技术，因此也被称作"梦想客机"。"通过采用新型材料，波音 787 飞机的重量大大降低，与同级别市场的其他飞机相比，波音 787 可节省约 20% 的燃油，可谓目前世界上最环保、最低耗油的商用飞机。"

（资料来源：三湘都市报 . 和婷婷，2021-06-12.）

讨论：波音 787 梦想客机对提升旅客飞行体验有哪些帮助？

任务一　了解空调系统

旅客舱空调系统用于保证舱内具有一定的压力、湿度、温度和换气量，以使乘客有一个舒适的生活环境。

座舱空调系统为座舱提供调节空气，用于客舱和驾驶舱加热、冷却、通风和增压。

飞机座舱空调系统采用空气循环式空调系统，此系统产生调节空气以保持驾驶舱和客舱选择的温度。

系统工作需要的空气来自气源系统的气源空气总管。在一般情况下它是由发动机引出的高温压缩空气。当飞机在地面发动机不工作时，可由机载辅助动力装置（APU）供气。气源空气经制冷系统制冷后变成冷空气供给座舱空调。座舱温度控制系统通过改变进入座舱供气温度的方法控制座舱温度，空气制冷和温度控制均由相互独立但功能相同的左右两套系统组成。左系统部分空气供给驾驶舱，其余部分与右系统全部空气供给客舱，单独使用任何一套系统都能满足驾驶舱和客舱空调供气需要。分配系统将调节好的空气分配给驾驶舱和客舱。各区都有单独的调节空气供气管路和流量控制装置以满足驾驶舱和客舱的不同需要，减少由于容积不同和区域之间温变速率不同而产生的差异，以便保持各舱内空气流量和温度均衡。

一、系统的组成

座舱空调系统由制冷系统、座舱温度控制系统、座舱压力控制系统、空气分配系统、冲压空气通风系统和座舱空气再循环系统等组成。

（一）座舱温度控制系统

（1）座舱温度控制系统由驾驶舱温度控制系统和客舱温度控制系统组成。每套系统由温度调节器、温度选择器、座舱温度传感器、温度变化速率（预感器）和高温限制组合传感器及温度控制活门组成。

座舱温度控制活门安装在旁路预制冷系统的热路上，活门打开时热空气流量增加，经制冷系统冷却的冷空气流量减少，因而供给座舱的调节空气温度升高，座舱温度控制系统是利用温度控制活门改变冷和热空气混合比例来改变调节空气温度的，从而调节座舱温度。

座舱温度既可以自动控制，也可以手动控制，由在驾驶舱顶部仪表板上的选择器选择。当选择器选择自动范围内某一温度值后，信号输送到座舱温度调节器里的控制电桥，此电桥同时接收感受座舱温度的座舱温度传感器信号，当座舱实际温度与选择的温度不一致时，根据温差大小电桥输出不同值的信号，经放大后输送给温度控制活门，活门向需要的方向转动，通过控制后与制冷后冷空气混合的热空气流量来调节供气温度，直到座舱温度与选择温度一致。

（2）座舱温度选择器放在手动位置时，电桥直接接通温度控制活门，手动调节座舱温度。

（3）座舱温度控制活门的位置由活门位置指示器指示。客舱温度和供气温度由一个温度表指示。

（二）座舱压力控制系统

（1）座舱压力控制系统控制座舱增压值以保证乘客生命安全和机组人员正常工作，同时限制座舱压差在结构强度规定范围内。

（2）座舱增压是通过向客舱内加入具有一定压力的调节空气来实现的。而座舱压力和压力变化速率及座舱压差的控制，则是通过控制机身外的调节空气流量来达到的。

（3）飞机座舱增压区包括驾驶舱、客舱、电子/电气设备舱、前货舱、中货舱和后货舱。在正常情况下座舱压力由座舱压力自动控制系统加以控制。必要时，或者在自动控制系统发生故障时也可进行手动控制。

（4）飞机座舱压力控制系统由复式自动压力控制系统、座舱压力手动控制系统、座舱压力指示系统及安全释压装置等组成。

①自动压力控制系统

在座舱压力自动控制时，只需驾驶员在座舱压力选择器上实施操作即可，座舱压力选择器是控制座舱压力的给定装置，装置上设有选择值旋钮。

②座舱压力手动控制系统

当座舱压力自动控制系统失灵时，通过手动传动系统可以操控自动控制系统工作。在驾驶舱中央操纵台上有一套手轮机构。通过钢索传动系统控制排气活门。

③座舱压力指示及警告系统

座舱压力控制系统的工作（情况）由下列仪表监视：

·座舱压差和高度指示器

·座舱爬升速率指示器

·座舱高度警告电门和指示灯

（5）座舱压力控制系统是直接关系到全部乘员生命安全的重要系统，在飞行安全中占有重要位置，同时也是保证客机舒适性要求的系统。

（三）座舱空气分配系统

座舱空气分配系统输送和控制到座舱各部位的调节空气流量，以保持座舱温度均匀及良好的流量。

经两套系统调节好的调节空气和冷空气通过后气密框上的单向活门进入座舱通气管道。单向活门防止在失去供气情况下座舱快速释压。两套空调系统的调节空气通到一个座舱供气混合分配器内。混合分配器有两个进口和两个出口，大的出口连到客舱调节空气管上，小的出口连到驾驶舱调节空气管上。空气混合分配器内部挡板的设计是将部分左系统调节空气偏转导向，使之与右系统的调节空气混合供给客舱。其分配比例为左系统的30%调节空气输送给驾驶舱，剩余70%空气与右系统的全部调节空气混合进入客舱。在只有一套空调系统工作的情况下，经混合分配器分配的调节空气能同时满足驾驶舱和客舱的需要。

驾驶舱调节空气由管道直接送到驾驶舱，通过各出口进行分配。客舱空气经客舱顶部的主管道分配到各下垂管道，再供气到行李箱根部的扩散管，通过扩散管的格栅进入客舱。冷空气通到每个旅客座位上方的个人通风喷嘴和驾驶舱每个空勤人员座位处及厨房和盥洗室个人通风喷嘴。

当飞机在地面停机，空调系统不工作时，可用地面空调车为座舱空调。在飞机上有一个地面空调接头，地面空调空气通过单向活门可直接输送到空气混合分配器进入客舱和驾驶舱。

（四）冲压空气通风系统

飞机在座舱非增压状态飞行时可接通冲压空气开关，利用冲压空气为座舱通风。在冷却热交换器的冲压空气进口管道上引出一支管通到空调地面接头管路上，打开支管上的冲压空气旁路活门，冲压空气通过地面空调管进入空气混合分配器再进入座舱进行通风。当飞机停在地面又无气源时，则由地面冷却风扇工作为座舱通风。

（五）座舱空气再循环系统

座舱空气再循环系统由风扇、单向活门、过滤器和管道组成。再循环风扇从客舱地板下吸进从客舱中排出的再循环空气，先经过过滤器过滤净化，再将其输送到混合分配器下游天花板上面的客舱调节空气管道内。再循环风扇在飞机起飞离地后 3 秒自动接通并在整个飞行过程中连续工作，使之在减少发动机空调引气情况下保持座舱具有良好的通风条件，从而取得更为经济的效果。

（六）制冷系统

制冷系统主要由两套相同的制冷组件组成。每套组件包括初级热交换器、次级热交换器和空气循环装置。

（1）从气源系统来的高温压缩空气首先通过一个空气净化器将其中的颗粒杂质净化出去，通过排气活门排到机外。

（2）净化后的空气进入初级热交换器，冷却降温后进入空气循环装置的压缩部分，经压缩后供气压力和温度均升高。压缩机排气再通过次级热交换器降温。在飞行时初级和次级热交换器由冲压空气冷却。在地面工作时由风扇抽风强迫环境空气通过热交换器进行热交换。经过次级热交换器冷却的供气温度接近冲压空气温度，最后到空气循环装置的涡轮部分膨胀，进一步降低供气温度。

（3）空气循环装置上带有涡轮喷嘴切断活门，该活门由引气开关控制。当空调系统由辅助动力装置（APU）供气时切断活门关闭。

二、空调系统的空气来源

用于空调系统的空气有下列三种来源：

（1）发动机压气机；

（2）辅助动力装置（APU）；

（3）地面高压气源（例如，地面气源车等）。

（一）从发动机压气机引气

发动机压气机可以通过单向活门到空调压力调节活门和空气流量控制活门调节压力和流量后供给空调系统。

（二）从辅助动力装置（APU）引气

目前，世界上 95% 以上的民用飞机都装有辅助动力装置（APU）。辅助动力装置是一套独立的机载小型发动机。一般当飞机的主发动机不工作时，能替代发动机提供气源、电源。它不仅可用于地面准备、维护及检查，在飞行中还可以作为备用电源。所以安装了辅助动力装置后，飞机对地面设备依赖性缩小，无须气源车、电源车、空调车就能够独立启动、供电、提供地面空调，从而可缩短飞机再起飞时间，提高利用率，使飞机在没有上述地面设备的机场也可起飞着陆。

飞机辅助动力装置的主要用途为：

（1）在地面工作期间，提供气源和电源，以满足主发动机的启动和空调系统及其他用电设备的要求。

（2）在飞行期间，为飞机提供辅助电源。有些型号的辅助动力装置不仅在空中可作为备用电源使用，而且在一定的飞行高度上允许从 APU 压气机引气来启动主发（当主发动机在空中停车，而飞机的空速又不能满足发动机风车转速启动主发时）。

（三）使用地面高压气源（例如地面气源车）

没有装机载设备辅助动力装置（APU）的飞机，当飞机处于地面停机状态，而发动机又没有工作时，只有用地面气源车给飞机旅客舱提供空调气源。

<h1 style="text-align:center">任务二　了解照明系统</h1>

飞机照明系统为飞机驾驶舱、客舱创造一个良好、舒适的视觉环境；为货物装卸作业提供足够的照明以及为各服务舱提供地面维护所需的照明；为飞机起飞、着陆和航行时的飞行安全设置机外照明；当飞机发生故障而紧急着陆时，为旅客和机组人员紧急撤离提供应急撤离照明。飞机照明系统下设驾驶舱照明、客舱照明、货舱和服务舱照明、飞机外部照明及应急撤离照明五个分系统。

一、驾驶舱照明

（1）驾驶舱照明设备应布局合理、照明光色均匀、调光操作方便、照明显示兼容。驾驶舱照明还应确保飞行人员在低亮度环境下能准确、清晰地判读所有显示信息，减轻飞行人员的视觉疲劳，保证飞行安全。

（2）驾驶舱照明，包括仪表内部照明、导光板照明和仪表板背景照明；驾驶舱区域的一般照明和中央操纵台、顶部控制板、电源中心断路器板的局部泛光照明；飞行机组局部照明以及总调光和试验装置。

（3）驾驶舱备用照明，用于当飞机主电源发生故障时，提供能自动转换由照明电池供电的备用照明，保证飞机在应急着陆时所需的应急照明。

（4）雷暴雨和抗强光照明，用于当飞机飞行中遇到雷暴雨或外界强光时，提供因"气象应急"所需的抗闪光盲的高亮度照明。

（5）应急撤离照明。在驾驶舱区域照明中，设置由独立于飞机电源系统的应急电池供电的、用于照亮飞行人员撤离路径的应急撤离照明。

二、货舱和服务舱照明

（1）货舱照明选择"防爆"光源，分系统的电路设计保证货舱门关闭锁上时，货舱灯就熄灭，并避免成为火灾蔓延源；其控制开关安置在货舱门附近，以利于机组人员或装载人员操作方便。

（2）货舱照明包括货舱内视货舱面积大小设置的数个货舱灯及安置在货舱门框附近的聚光灯，为装卸货物作业提供足够照度的照明。

（3）各服务舱照明根据各服务舱环境条件选择不同类别的照明灯，以确保安全、可靠，服务舱包括电子/电气设备舱、前附件舱、主起落架舱、APU 舱、空调舱等。

三、客舱照明系统

（一）客舱照明简介

客舱照明被综合到飞机客舱内设设计范畴，与飞机客舱内设一起进行整体设计，从而确保客舱内设与照明颜色协调，光色柔和、舒适和均匀，达到一流的、体现飞机自身特点的综合视觉效果，为旅客创造舒适、温馨的客舱环境。

客舱照明包括客舱区域照明（主照明）、客舱局部照明、旅客呼叫装置以及灯光信号标志四部分组成。

1. 客舱区域照明

又称间接照明，由侧壁荧光灯和天花板灯组成。侧壁荧光灯是客舱的主要照明，与过道灯及门入口灯一起构成客舱照明。其特点是：光源隐蔽，通过灯光反射间接照亮整个客舱区域，光色柔和，伴有富有特色的内设创意，整个客舱环境舒适、美观、高雅。

2. 客舱局部照明

客舱局部照明由入口区域灯、位于行李箱底部的旅客服务装置上的旅客阅读灯、厨房灯、厨房工作区域灯、盥洗室灯、服务员工作灯及登机梯灯等组成。客舱局部照明是为满足旅客以及空中服务人员工作所需而设置的各种荧光灯和白炽灯，为空中周到细致的服务创造条件。

3. 旅客呼叫装置

旅客呼叫装置由呼叫灯组件、旅客呼叫按钮灯和盥洗室呼叫按钮灯三部分组成。呼叫系统的灯光信号和音响信号的组合为旅客与空中服务员之间，机组人员与乘务员之间，机组人员与地面维护人员之间的联络创造了便利条件。具有复位功能的呼叫按钮开关，安装在每排座位的旅客服务板上和每个盥洗室内，当呼叫按钮开关接通时，总呼叫灯亮，根据灯光亮的颜色不同鉴别指示呼叫源的区域。

图 7-1　客舱照明

4. 灯光信号标志

由图符或文字说明与图符相结合的灯光信号标志组成，包括"请勿吸烟""系好安全带""速回座位"和"盥洗室有人"四类。

（二）灯光光线控制

（1）在登机、安全示范和下机时将灯光全部打开（100%）；

（2）在起飞、下降时将灯光调暗至最低限度，并留10%顶灯灯光以增加紧急情况下的能见度；

（3）服务时调整客舱灯光（不超过50%亮度），以保证提供正常舒适的光亮度为宜；

（4）在夜间航行时，以及晚餐和第二餐供应期间，使用较暗的灯光；

（5）在供餐前不要用强光唤醒旅客。

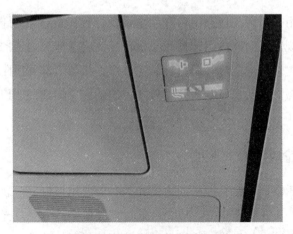

图 7-2　系好安全带提示灯

四、飞机外部照明

（1）外部照明是保证飞行安全的照明分系统。外部照明分系统的设计必须符合 FAR-25 及 CCAR-25 部的相关要求。

（2）外部照明分系统包括：

航行灯——标志飞机轮廓和飞行方向。

防撞灯——包括装在机身上、下部的红光防撞灯和翼尖组件的白光防撞灯。防撞灯用以显示飞机位置，防止在公共空域中飞机之间可能的碰撞以及飞机在地面开车时警告地面人员不要靠近。

着陆、滑行和跑道转弯灯——用于飞机起飞、着陆和滑行时照明。跑道转弯灯还可用于提示飞机转弯方向及地面维护时照明。

机翼探冰灯——用于照明机翼前缘，观察结冰情况。

标志灯——用于照明航空公司标志。

五、应急撤离照明

应急撤离照明是在飞机主电源失电时或在飞机发生故障需应急着陆时采用的，由飞机自身配备的蓄电池供电，用于在紧急情况下提供目视帮助。它可为机上旅客和机组人员照亮应急出口和救生设备位置、紧急撤离路径，以利旅客和机组人员在规定的时间内迅速撤离飞机现场。应急撤离通道照明包括：客舱天花板应急灯；地板应急灯；出口标志应急灯；机翼上部和后附件舱应急撤离通道灯。应急撤离照明也可分为驾驶舱、客舱的应急撤离照明以及飞机外部应急撤离灯。

（一）客舱应急撤离照明

客舱应急撤离照明包括地板通道荧光条、应急出口灯、应急出口位置（临近地板）标志、天花板通道灯。应急灯通过驾驶舱中的应急灯光键或乘务员面板上的应急灯光键进行操作，通常是带有透明塑料保护盖的按键开关或带有红色保护盖的拨动开关。撤离路径灯包括地板上和座椅腿边的白灯或绿灯及通向每个出口处的红色指示灯，每个出口上的出口标志灯是由应急灯光键接通的，工作时间约为 12 分钟（EMB-145 为 15 分钟左右）。

图 7-3　应急撤离照明

（二）驾驶舱应急照明

驾驶舱应急照明主要靠驾驶舱的数个泛光灯的电源转换。正常情况下由直流 28 伏转换汇流条供电。应急情况下由应急直流汇流条供电，即使发电机完全断电还可由蓄电池维持供电。

（三）外部应急撤离灯

外部应急撤离灯包括各应急出口附近的应急滑梯灯、上翼面应急撤离灯等。

（四）应急电池

应急电池是指为各类应急撤离灯供电的电池组及其逻辑电路控制盒。

（五）客舱备用灯

在客舱天花板上装有数个白炽灯，它们在一旦交流电源发生故障，客舱主照明灯荧光灯无法点亮时，用于对客舱进行公共照明。

🗣️ 民航科普

空气循环机：不需要氟利昂的飞机空调

在炎热的夏季，机场停机坪上的地面温度可达40℃以上。飞机依靠空调系统保持适当的客舱温度，使之保持在舒适的24℃左右。以波音B777–200LR飞机为例，其客舱空间大约为520m³，相当于一间185平方米左右的房间，要给这么大而且有300多名乘客的客舱制冷至少需要功率20匹以上的空调。常见的家用空调主要是用压气机和雪种（氟利昂）来制冷，功率有限，这种制冷方式对飞机而言是不适用的，而且飞机的空调系统还有另外一项重要作用就是给客舱增压。因此，民用客机上的空调系统采用一种特殊的制冷方式——空气循环制冷。了解空气循环制冷系统的工作原理，有助于我们更好地认识飞机的空调系统。

一、空气循环机

飞机的空调组件主要通过空气循环机制冷，在空中也可以使用冲压空气来冷却引气。空气循环机使引气温度降低，而且整个过程不需要氟利昂来进行热交换，气体没有蒸发与冷凝。引气冷却后可直接供客舱空调和电子设备冷却使用。系统主要包括热交换器、空气循环机（包括涡轮和压气机）、水汽分离器等部分。

1. 空调引气

波音B777飞机的发动机或者辅助动力装置APU，均可为空调组件提供引气。高能量的引气不单可以用于空调系统，还可以用于飞机增压、防冰等。但引气不能直接为客舱空调所使用，因为这些气体是高温高压气体，地面压力通常有 28psi（1.9 个大气压）、温度可达 150℃。

2. 冷却步骤

引气先进入热交换器，进行初步的冷却；冷却后的引气进入空气循环机的离心压气机，气体被压缩温度升高后，再次进入热交换器降温；随后气体进入涡轮室，在涡轮室气体快速膨胀释放能量同时还带动涡轮转动做功，涡轮轴另一端连着离心压气机，压气机叶片在其驱动下高速旋转。通过以上环节可以使气体温度降到 0℃甚至以下。B777 飞机采用了离心压气机＋二级涡轮的 3 轮升压式空气循环机。我们知道在涡轮室才是引气真正冷却的地方，在上述的基础上再加上二级涡轮，冷却效果要比一级涡轮更强，对能量利用效率也更高。（而波音 B737 或空客 A320 等窄体客机只需采用一级涡轮冷却便足够。）

3. 水汽分离

水汽分离器用于除去冷却空气中的水汽。由于空气温度迅速降低到露点以下，空气中的水蒸气已经凝结成小水滴气体成为雾状，通过分离器可以将水分离排放出机外。因为水汽容易再结成冰凝结在涡轮上，损伤涡轮；同时水汽还会腐蚀管道和电子设备线路等，因此必须将过多的水汽分离，才能与较暖的调节空气混合，输出到空调管道。（这也是夏天飞机停在地面时空调出气口常常冒出白烟的原因。其实这不是烟，只是被雾化的空气。）

4. 冷却原理

冷却过程背后的原理是我们所熟知的物理学定律。它遵循的是热力学第一定律：$\Delta U = Q + W$。

公式中 ΔU 为内能变化，Q 为传递的热量，W 为所做的功。气体膨胀带动涡轮转动对外界做功 W 为负（外界对系统做功则 W 为正），同时气体向外传递热量 Q 也为负，可得 ΔU 为负，气体的内能减小，温度降低（气体的内能与温度成正比关系）。在日常生活中常见的例子就是当我们用打气筒给自行车打气时，打气筒内的气体因为我们对其做功，温度会增加，使得打气筒变热。与之相反，如果让气体对外界做功，内能减少，温度就会降低。

二、不同阶段的冷却方式

当飞机在空中时，空调组件所需的能量来自冲压空气（飞机高速飞行时的相对气流）。起飞和降落时冲压空气进气活门完全打开以获得最大的冲压空气。

巡航时，对空气循环机的冷却需求最小，因为高空中温度低（可达零下），经过与外界空气进行热交换，可以使温度降得足够低。甚至不需要空气循环机来冷却了。而当飞机停在炎热的地面机坪时，没有了冲压空气，空调组件靠辅助动力装置 (APU) 提供高压引气为动力。夏天温度高时，空气循环机在最大工作状态以满足在地面时的冷却需求；当冬天温度低时，只需通过调节温度控制活门混入更多热气即可满足温度需求。

辅助动力装置（APU）是一个独立的涡轮发动机，通常位于飞机的尾椎部分。它既可以提供电力，又可以提供引气，常作为电力和引气的备份系统。在其运转时排气口有高速气流排出，会产生一定的噪声。许多机场都为飞机提供地面电源和空调引气保障，以减少、限制 APU 的使用，达到更加节能与环保的目的。

空调组件是飞机系统中的重要部分，保持适宜的客舱温度，给飞机客舱增压，都是通过空调系统来完成的。而空气循环机又是空调组件的核心。采用空气循环制冷系统的优点是：系统的重量轻、维护成本低、可靠性高，而且冷却的空气可以输入客舱为之增压，客舱的通风、增压和温度控制都可以通过同一系统来完成，满足飞机客舱环境控制的需要，使高空飞行更加舒适、安全。

（资料来源：民航资源网．吴熙泰，2016-09-13.）

学习效果检测 -

扫描下方二维码，检测你的学习效果。

07

学习检测

08

客舱设备图片
展示（部分）

项目八
烟雾和火警设备

案例导入

旅客飞机上犯烟瘾 躲厕所吸烟被安全员"揪"出

飞机上禁止吸烟，可是许多人往往明知故犯。前不久，川航的安全员就"揪"出了两位躲在厕所吸烟的旅客。

2017年3月18日，川航一航班上烟雾探测器发生报警。机长迅速将警报通过头等舱乘务员传给了安全员。同时，乘务员在后舱卫生间门口拦下了走出来的男性乘客。他立刻承认自己在卫生间吸完了一整支香烟。

安全员戴着一次性手套，从后舱卫生间垃圾桶里找出了那支已经熄灭的烟头，为保险起见，他又用水对着烟头浇了一遍。将该旅客的火种收缴后，安全员严肃告知他机上吸烟的危害性，以及引发火灾的严重后果。

3月24日，川航从沈阳起飞的一航班上，服务程序结束后，后舱卫生间隐隐飘出一点烟味，但烟雾报警器并没有响。

乘务员马上告诉了该航班的安全员。安全员报告机长后，打开执勤记录仪开始巡舱，可来来回回并没有什么发现。

于是，他询问了靠近洗手间的后排旅客，旅客回忆好像是一位女士刚刚从里面出来。得知这个线索，安全员再次巡舱，20D 座位旅客眼神的闪躲引起了他的注意，靠近一闻，有烟味！可这位女士拒不承认。

安全员解释相关法规，提及可能会承担刑事责任，这位旅客终于松了口。她没想到自己只抽了一小口，躲过了烟雾探测器，却还是被发现了。得知了烟头的位置，安全员立即去卫生间的垃圾桶查看，确保烟头彻底熄灭，并收缴了旅客的火种，通报给机长。

上述两个航班落地后，旅客均被移交公安处理。

我国民航安全保卫规则规定，目前所有飞机航班全部禁烟，包括起飞与着落整个飞行过程均不能吸烟。另据国际民航组织统计，80% 的机上火灾都是由于乘客在卫生间吸烟、并将烟头随意丢弃引起的。

在此，川航提示广大乘客朋友：不要在航空器上吸烟（含电子烟）、使用火种、携带易燃易爆物品等，违者将被追究相应的法律责任，情况严重的还将承担刑事责任。

（资料来源：民航资源网．李雨洁，郭宇，2017-04-07.）

讨论：旅客在飞机上吸烟的危害是什么？

任务一　了解防火系统和灭火系统

一、防火系统概述

一般来说，民用飞机上的防火系统及灭火系统基本相同。对于客舱、驾驶舱和盥洗室而言，驾驶舱和客舱灭火时使用设置在舱内的手提式灭火器；在每个盥洗室内都设置有烟雾探测装置和自动灭火系统。

防火系统由火警和过热探测系统，以及灭火系统两部分组成（如图 8-1 所示）。

（1）火警和过热探测系统在有关部位或部件上配置合适的探测器。当这些

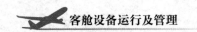

区域出现失火、过热或烟雾时，火警和过热探测系统发出音响和视觉报警信号。

（2）灭火系统配备有相应的灭火器和手提式灭火器，供驾驶员、机上服务人员或地勤人员扑灭一定部位或部件上的火情和防止火情再次发生使用。

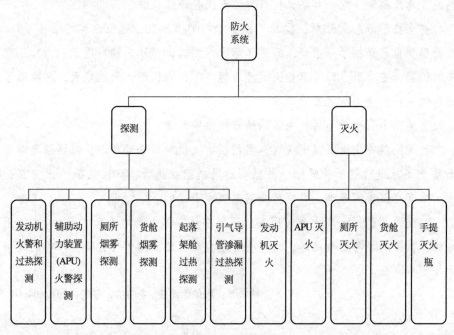

图 8-1　防火系统组成

表 8-1　ARJ21 防火系统设计依据

指定防护区	防火系统	设计依据
发动机舱	火警探测系统和辅助动力装置灭火系统、发动机引气导管漏气探测系统	CCAR25/FAR25 有关标准及技术文件；飞机通用技术规范；飞机总体布局定义；防火系统输入主要设计参数
辅助动力装置舱	火警探测系统和辅助动力装置灭火系统	
主起落架舱	过热探测系统	
前后货舱	烟雾探测系统和灭火系统（货舱火焰抑制系统）	
厕所间	烟雾探测装置和自动灭火系统	
客　舱	手提式灭火器	

二、火警和过热探测

发动机火警和过热探测系统用以分别探测左、右发动机舱内发动机周围环境有否出现火情或过热现象，并具有自检能力。每台发动机安装有两套并联的火警和过热探测器。当火警和过热探测器所探测的温度达到报警温度时，向驾驶员发出音响和视觉报警。

辅助动力装置火警探测系统用以探测辅助动力装置舱内有否出现火情现象，并具有自检能力。辅助动力装置舱内安装有两套并联的火警探测器。当火警探测器所探测的温度达到报警温度时，向驾驶员和地面人员发出音响和视觉报警。如在地面状态探测到报警温度，而主发动机尚未运转，则辅助动力装置火警探测系统应使辅助动力装置停车并向辅助动力装置舱释放灭火剂。

主起落架舱过热探测系统用以分别探测左、右主起落架舱内是否出现过热现象，并具有自检能力，主起落架舱内安装有一套火警探测器。

厕所间烟雾探测装置通过烟雾探测装置用以确定厕所间内有否出现火情和过热现象。

货舱烟雾探测系统用以分别探测前、后货舱内有否出现火情和过热现象。

发动机引气导管漏气探测系统用以分别探测机翼和机身引气导管部位有否出现漏气和过热现象。

三、灭火系统

（一）发动机灭火系统

主要由两个发动机灭火器、灭火剂输送导管、灭火喷嘴（如需要）、发动机灭火控制手柄和灭火器压力指示组成。发动机灭火系统可供一台发动机两次灭火使用。

（二）辅助动力装置灭火系统

主要由一个辅助动力装置灭火器、灭火剂输送导管、灭火喷嘴（如需要）、

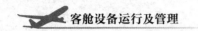

辅助动力装置灭火控制手柄、辅助动力装置地面灭火控制板和灭火器压力指示组成。辅助动力装置灭火系统可供辅助动力装置一次灭火使用。

（三）驾驶舱和旅客舱灭火系统

驾驶舱和旅客舱内分别设置有三个哈龙（HALON）灭火剂手提式灭火器及一个水灭火剂手提式灭火器。用安装支架固定在相应的安装部位。

（四）盥洗室灭火系统

每个盥洗室垃圾箱内装有一套自动灭火装置。

（五）货舱灭火系统（货舱火焰抑制系统）

主要由两个灭火器、灭火剂输送导管、灭火喷嘴（如需要）、灭火控制开关和灭火器压力指示组成。货舱灭火系统（货舱火焰抑制系统）可供货舱灭火并能在 60 分钟内抑制火情复燃。

（六）起落架舱灭火系统

当主起落架舱过热探测系统报警时，驾驶员可放下起落架并通过机外冲压空气冷却起落架舱。

任务二　了解烟雾和火警设备

一、灭火器

不同地区对灭火器的分类稍有不同，基本上按火灾的种类分为五类。以下分类是欧盟标准，中国内地及香港地区也使用这一分类：

A 类：含碳可燃固体的火灾，如木、草、纸张、塑胶、橡胶；

B 类：可燃液体的火灾，如汽油、柴油、油、机油；

C 类：可燃气体的火灾，如石油气、天然气、乙炔、甲烷；

D 类：可燃固体金属的火灾，如镁；

E 类：通电物体的火灾。

不同的灭火器是专为指定类型的火警而设，也只应用在该种火警之上，否则可能产生危险。

（一）水剂灭火器

触发器

喷嘴　　　　　　提把

图 8-2　水剂灭火器

水剂灭火器用于熄灭 A 类火警，其工作范围为 2~2.5 米。使用时将提把顺时针方向完全转到底，听到"嗞"的一声时表示二氧化碳筒心刺穿。然后压下触发器，对准火焰底部喷射就可以进行灭火。每按压一次，灭火剂可持续喷射时间 20~25 秒，可反复按压多次，直至用完。水中加有防冰化合物，不可饮用。

（二）卤代烷哈龙灭火器

卤代烷哈龙（HALON）灭火器可用于熄灭各种类型的起火，工作范围为 1.5~2 米。每按压一次，灭火剂可持续喷射 9~12 秒，可反复按压多次，直至用完。哈龙灭火剂有微毒，在开放空间可以直接喷洒人体上的着火。

使用时先检查压力表，然后垂直握住灭火器对准火源，拉出安全销，压下操作手柄，对准火焰底部快速扫射并保证流量恒定。

图 8-3　哈龙灭火器

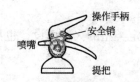

图 8-4　哈龙灭火器操作示意图

（三）自动灭火装置

自动灭火装置用于熄灭厕所废物箱中的火，它位于每个厕所废物箱中上方。当温度达到约 77℃时，其热熔帽化开，灭火剂自动喷射。

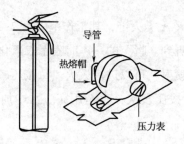

图 8-5　自动灭火器

起飞前应对灭火装置进行检查，确保压力表指针在绿色区域，还要检查灭火器旁的温度指示牌，指示牌上的任一灰白点变为黑色即表示灭火器已被使用或失效。检查灭火器的喷嘴也可以，黑色为正常，铅色为已使用或失效。发现任何不正常现象出现，都必须立即通知地面维修人员处理。

二、呼吸保护装置

呼吸保护装置在客舱失火时使用，以防烟雾和有毒气体吸入，而且当客舱充满烟雾时可提高对客舱的能见度。每个呼吸保护装置可为使用者提供大约 15 分钟的用氧。

（一）呼吸保护装置类型一

1. 戴上

（1）拉塑盒盖上的红色把手，去除塑料盖。

（2）确定内包装的红色标签并用力撕掉，打开真空包装，取出呼吸保护装置。

（3）双手放入橡胶护颈，用力向两边撑开，观察窗应向地面方向。

（4）头向前倾，将呼吸保护装置的护颈经头顶套入，用双手保护两侧脸颊及眼镜，使之完全遮挡脸部。

（5）双手向前、向外用力拉动调节带，并使装置启动。

（6）双手抓住带子，用力向后拉，确保里面的面罩罩在口鼻处，且面颊被覆盖。如需调整眼镜，可隔着外罩进行，不要将手伸入罩内调节。

（7）确定衣领没有被夹在护颈内，头发已完全在护颈里面，放下呼吸保护装置的后颈盖布使它盖住衣领，并处于肩上部。

图 8-6　呼吸保护装置类型一

2. 取下

（1）在远离火焰和烟雾的安全处进行。

（2）用双手将靠近视窗下角的金属片向前推动，松开调节带。

（3）双手由颈下插入面部，向下拉起呼吸保护装置，取下来。

3. 注意

当拉动调节带后，若无氧气流出再用力重复一次，否则取下面罩。

当头部有热感或面罩瘪下，说明供氧结束，应离开火源，取下面罩。

取下面罩后，因头发内残留有氧气，不要靠近有明火或火焰的地方，要充分抖散头发。

当观察窗上有水汽和雾气时迅速取下呼吸保护装置。

（二）呼吸保护装置类型二

呼吸保护装置装在一个盒装的真空小袋子里，盒子打开后，从真空包装袋中取出呼吸保护装置。

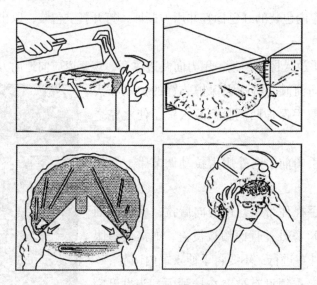

图 8-7　呼吸保护装置类型二

戴上环形面罩，使用者所需的氧气就释放出，使用者能听到一点轻微的噪声，当使用内话或面对面交谈时，耳朵可能会出现间歇失聪或轻微头晕。噪声停止时，面罩不应再被使用。

该设备工作期间显示器为绿色，变为红色时，说明设备不再工作，应立即取下。

（三）呼吸保护装置类型三

打开呼吸保护装置储存盒，从盒内取出包装撕去袋口封条。从包装内取出呼吸保护装置。

掌心相对伸入橡胶护颈内，用力向两边撑开，观察窗面向地面从头部套下。将长头发或辫子放入头罩内，将带子在腰间系扣好。

向下拉氧气发生器，使呼吸保护装置开始工作。

图 8-8　呼吸保护装置类型三

移动送话器使面罩与口鼻完全吻合。

（四）呼吸保护装置类型四

打开外包装，从包内取出防烟面罩，将防烟面罩呼吸管与氧气瓶的接口连接。

将防烟面罩的观察窗面向前，头部固定带从脑后套下，逆时针旋转（左转）氧气瓶阀门，防烟面罩即开始工作，移动送话器使面罩与口鼻完全吻合。

在呼吸过程中该装置向头部瘪下去或感到呼吸受阻时，调整一下面罩，然后做 5 次深呼吸，如果上述问题依然存在，可能是氧气已用完，或该装置本身存在问题，请马上离开火源，脱下面罩，抖去头发内的纯氧。

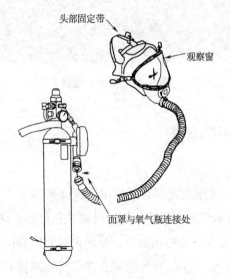

图 8-9　呼吸保护装置类型四（防烟全面罩）

三、厕所烟雾探测器

厕所烟雾探测器可以指示烟雾发生方位。

（一）电池供电型

B737、B767 等机型多采用这种烟雾探测器，设置在天花板上。当电源灯

（绿色）亮时证明该装置电源接通，正在工作。当警报指示灯（红色）亮时为探测出有烟雾，发出高音量的警报声。一旦烟雾被排除，警报声停止，装置复位。当探测到烟雾时，需要进行以下工作：清除厕所烟雾；检查烟雾发出原因；报告机长，视设备损坏程度锁闭厕所。

图8-10　烟雾探测器

（二）飞机电源供电型

1. 空客类飞机

位于天花板内，当探测到烟雾时发出三声高低谐音（A320为三声高音量谐音）；驾驶舱内指示灯亮；相应的厕所外琥珀色灯亮；区域呼叫面板琥珀色灯闪亮（A330飞机的乘务员指示面板上显示警告发出的位置）。

需要进行以下工作：清除厕所烟雾或将烟雾探测器开关放到OFF位；检查烟雾发出原因；报告机长，视设备损坏程度锁闭厕所。

2. CRJ-200

位于天花板内，当探测到烟雾时发出高音量的谐音，驾驶舱内有提示音响和文字显示。

需要进行以下工作：用一尖物抵触烟雾探测器旁的抑制电门，终止声响；检查烟雾发出原因；报告机长，视设备损坏程度锁闭厕所。

3. EMB-145

位于天花板内，当探测到烟雾、火情时，厨房内的烟雾探测面板会发出

"嘟、嘟"声，面板上的烟雾探测警告灯（红色）亮。

需要进行以下工作：按下烟雾探测面板上的复位键，消除声响并且复位系统工作；检查烟雾发出原因；报告机长，视设备损坏程度锁闭厕所。

🔊 民航安全

客舱内各类火灾的预防和正确的处置（摘选）

安全就是企业的生命。在诸多的客舱安全事故中，火灾的隐患藏的最深，一旦发生，后果难以预料。

一、火灾的类型

从我们所收集和掌握的业务知识和相关资料显示，在客舱内发生的火灾大致分为四类：

第一类：纸、布、木类引起的火灾；

第二类：油类引起的火灾；

第三类：电器类引起的火灾；

第四类：可燃性固定物质引起的火灾。

二、不同类型火灾的预防与正确处置

下面我们对这四类客舱火灾分别进行一个归纳，总结出适合不同类型火灾的预防和正确处置程序，从而使客舱组面对火情时的处置行之有效，把客舱火灾隐患降到最低点，让客舱安全得到更高保障。

1. 纸、木、布类引起的一般类型的火灾

这种类型的火灾通常会发生在客舱的座椅、衣帽间、行李架，尤其是在冬天，人们所穿戴的尼龙衣物在高空静电压力等多方面情况下会产生火花从而致燃。

预防措施：乘务员要加强理论知识的学习，强化安全意识，同时还要加大对易燃空间的检查力度，提早发现火灾。

处置措施：当这一类型的火灾发生时，乘务员必须迅速取出相应的灭火瓶进行灭火工作（即，取出水灭火瓶进行灭火），口头告诉就近的乘务员失火的信息，根据处置预案分工合作，尽快搬开未烧着的衣服物品，检查已燃烧的物品，查看余火是否已经灭尽。

2. 油类引起的火灾

从目前所掌握的数据看来，此类火灾通常因机上烤箱内食物加热时间过长、餐食油脂溢出造成。

这就要求乘务员在此类火灾的预防上须提高自身的责任心，掌握相关业务知识。乘务员每次启动烤箱工作时都应检查空箱内有无上次滞留下来的食物油渍，了解需加热食物的正确烤温及烘烤时间，避免食物加温过长造成油脂溢出的现象发生；另外，对于加热食物的密封都应逐一检查，以免在飞机起飞和降落时由于密封食品盖不牢固造成油脂溢出。每次放置食物前，都要用小毛巾擦拭烤箱上遗留下来的异物。

当烤箱发生火灾时，乘务员必须迅速做出正确的判断，取出正确的灭火瓶进行灭火。要在第一时间切断厨房电源和烤炉电源，关闭烤炉，以消耗炉内的氧气以窒息火焰。

2003年某客舱发生了一起典型的因机上烤箱内温度过高，餐食加热时油脂溢出产生大量烟雾的火灾隐患。但因乘务组及时启动紧急处置预案，未酿成火灾。

这种类型的火灾隐患出现率较高，主要控制在乘务组操作者手中。因此在使用烤箱烘烤食品时，乘务员应对烤箱进行严密的监控；另外，培训部门要加强对烤箱使用、烤箱失火方面的培训和预案的演练，在理论上提高乘务员的处置能力。

3. 电器类火灾

这一类型的火灾面极广，最常见的是由于错误操作引起的电器火灾，正如上面所提到的烤炉失火，另外还有烧水杯引起的火灾。

客舱组在使用这些机上电器设备设施时，要以正确的操作程序来使电器工作，千万不要以粗暴的方式来中断其工作方式，要让这些机上电器在完成工作时自动停止。

当电器设备发生火灾时，首先要切断电源，要使用海伦灭火瓶灭火；对于像烧水杯的失火类型应拔下烧水杯插头，千万不要将水倒入过热的水杯里。

卫生间发生火灾主要是由于卫生间内的抽水马达自燃、旅客违规吸烟引起的。卫生间失火在飞机发生火灾的比例中较大。根据有关数据统计，45%左右的客舱失火发生在卫生间内。

4. 可燃性固体物质引起的火灾

旅客所携带物品中夹带的或机上供应品中所配的干冰等都是引起这类火灾

的隐患之处，因此这就要求我们应加强对旅客行李袋物品的观察，以及对像干冰这类物质的正确使用和放置。

在这里重点要提的是当机上发现疑似爆炸物品时的处置方法。由于这类物品会引起大面积火灾，严重危机人机安全，所以在空中遇到这类疑似物品时，首要的是报告机长寻找相关专业人员的帮助，并根据情况采取下列措施：是否要降高度及降压；是否要关闭所有不必要的电源；该物品是否可在专业人员指导下移动；是否可用湿物品类进行覆盖；是否需要调整旅客座位；是否进行组织撤离工作等。

（资料来源：民航资源网．柳杨，2007-05-01.）

学习效果检测

扫描下方二维码，检测你的学习效果。

08

学习检测

项目九
常见故障

项目导读

本项目主要介绍飞机上常见的一些设备故障及其解决方法。

学习目标

重点掌握机上各设备常见故障和解决的方法。

案例导入

外航一周空中运行事件综述（8.17-8.23）

标签：客舱起火

美国航空公司注册号 N942UW 的波音 757-200 飞机（机龄 20.5 年），执行从费城（美国）到布鲁塞尔（比利时）的 AA-750 航班。飞机在纽约东南约 40 海里、高度 31 000 英尺时，机组宣布紧急状态并申请返航费城，飞机在费城超重着陆。机上厨房烤箱起火，烟雾蔓延至客舱，随后火被扑灭。离场约 50 分钟后飞机在费城安全着陆。

标签：机械故障

美国航空公司注册号 N186US 的空客 A321-200 飞机（机龄 13.5 年），执行从达拉斯沃思堡机场到夏洛特（美国）的 AA-1910 航班。飞机向夏洛特 18 右跑道进近时，液压观察板掉落在机场西北部约 7 海里处。随后飞机在 18 右跑道安全着陆并滑行至停机坪。

标签：**客舱失压**

美国天西航空公司注册号 N215AG 的 CRJ-700 飞机（机龄 14 年），执行从奥马哈到西雅图的 OO-3469 航班。飞机在比林斯东南偏东约 140 海里、高度 34 000 英尺时，由于客舱失压，机组执行紧急下降程序并释放乘客氧气面罩。随后飞机备降比林斯并安全着陆。

标签：**机械故障**

达美航空公司注册号 N709TW 波音 757-200 飞机（机龄 18.3 年），执行从纽约肯尼迪机场到洛杉矶的 DL-459 航班。飞机在拉斯维加斯东北约 240 海里、高度 38 000 英尺时，机组报告一台发动机（PW2037）故障并决定备降拉斯维加斯。管制员通知其他飞机 DL-459 一发失效，并告知机组应急服务部门已经做好准备。随后飞机在 25 右跑道安全着陆并滑行至停机坪。航班换飞机执行，延误 3 小时后到达洛杉矶。

标签：**机械故障**

德国汉莎航空公司注册号 D-ACNE 的 CRJ-900 飞机（机龄 6 年），执行从斯塔万格（挪威）到法兰克福的 LH-875 航班。飞机从斯塔万格离场爬升时，机组报告前起落架故障，停止爬升后决定返航斯塔万格，随后安全着陆。后续航班被取消。

（资料来源：民航资源网．罗石，2015-08-24.）

讨论：当面对故障时，机组人员的处理原则是什么？

任务一　了解设备常见故障

一、开启锁着的厕所门

使用下列步骤，开启、移开或搬走厕所门。

（一）折叠门

1. 开启

将 OCCUPIED（有人）指示器调至 VACANT（无人）。往里推门，打开。

2. 搬开厕所门

（1）将门上下两个插销固定在门铰链一边；

（2）将上插销往下滑，将下插销往上滑使门脱离；

（3）将门的两边或者中部往里推，然后将门拉出。

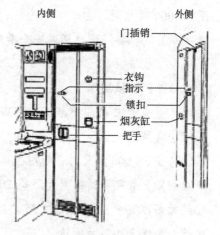

图 9-1　折叠门

（二）单一的实心门

（1）将 OCCUPIED（有人）指示器调至 VACANT（无人）；

（2）转动门把手，往外拉，开门；或者转动门把手用力往外拉，使门锁松开。

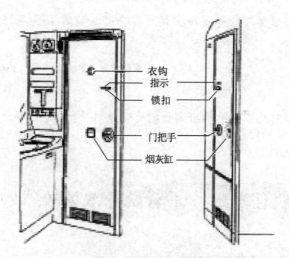

图 9-2　单一的实心门

二、乘务员座位发生故障

民用航空法规规定乘务员座位的数量，若有故障：

（1）（主任）乘务长必须通知机长。

（2）乘务员座位数量必须大于或与"最低设备清单"所提供的必需品相一致；

（3）损坏的乘务员座位不能安排人员就座；

（4）没有座位的乘务员应被安排在离他/她负责的出口最近的旅客座位上，撤离时该乘务员的职责不变；

（5）供乘务员就座的旅客座位必须注明：仅限乘务员使用；

（6）有缺陷的乘务员座椅应固定在正常收上位或拆去；

（7）必须在《飞机技术记录本》记录该故障。

三、机门故障

如果机门发生故障：

（1）（主任）乘务长必须通知机长根据"最低设备清单"限制旅客数量；

（2）旅客登机时不能使用有故障的门；

（3）在门的明显处标上"此门故障"；

（4）简单告诉此门附近的旅客使用其他机门；

（5）如果发生紧急情况，乘务员必须留守此门并告诉旅客使用其他机门撤离；

（6）必须在《飞机技术记录本》中记录该故障。

四、餐车故障

如果餐车发生故障：

（1）填一张餐车故障单并粘贴于餐车门上；

（2）在乘务日志中填写，并报餐车管理部门维修。

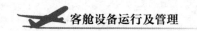

五、烤箱、冷藏箱故障

如果烤箱、冷藏箱发生故障：在 CLB 上填写该故障部件的具体编号。

任务二　了解系统常见故障

一、内话机系统故障

如果驾驶舱 / 客舱内话机出现故障，（主任）乘务长必须马上通知机长制定另一种通信的途径。解决方案：

（1）使用 PA 系统联络；

（2）建立驾驶舱 / 客舱的特定联络方案。

二、客舱中"系好安全带""请勿吸烟"指示信号失灵

如果"系好安全带""请勿吸烟"指示信号失灵，（主任）乘务长必须：

（1）通知机长，并在必要时加以广播；

（2）确保每一名乘客都能得到乘务员口头的提醒："系好安全带""请勿吸烟"。

三、客舱广播系统故障

如果客舱广播系统失灵，（主任）乘务长必须通知机长制定与乘客联络的方案，并考虑旅客的座位安排和操作上的需要。解决方案：

（1）分别向每个乘客说明广播内容；

（2）将乘客分组后向每组乘客说明广播内容；

（3）使用"麦克风"。

四、预录系统故障

如果客舱内预录系统出现故障，（主任）乘务长必须：

（1）立即通知机长，紧急情况下机长广播词由机长通过 PA 系统直接广播；

（2）负责应急情况的广播及特殊情况的广播；

（3）及时通知机上广播员，做好正常情况下的广播。

民航安全

人在囧途之"厕囧"

——故障后空乘人员如何处置？

飞机厕所的故障是比较难排除的客舱故障之一，一旦出现堵塞，在空中几乎是不可能将故障排除的，需要在地面由机务维修人员来排除。可飞行中经常会出现厕所故障的情况，乘务组是听之任之、束手无策吗？也不是，乘务组还是有一些简单可行的办法的。

根据小编的飞行经验，跟大家分享一下，可以概括为"一看、二听、三检查"几个字。当接到厕所故障的报告后，首先是第一时间停止这个卫生间的使用，乘务员进入卫生间查看。看什么？看马桶底部是否有卫生纸等异物堵塞，如果有，要立即取出来，这个时候可能只是异物堵在了马桶底部入口还未进入管道。飞机上是没有专门的工具的，需要戴上清洁手套使用较长且不易扭断的工具，不能用饮料搅拌棍或刀叉这类较短易断的物品，易造成异物没取出来反而进一步堵塞。

在一些使用循环污水系统的飞机上，在马桶下部装有一个人工手柄，有些乘务员会拉动手柄加按压冲水按钮的方式来冲走堵塞物。这是不可取的方法，因为这个人工手柄是用来在马桶底部的冲洗活门被异物卡阻而不能作动时来人工作动活门用的，主要是机务维修人员在地面排故时使用。地面排故时人工作动活门，异物进入管道，维修人员会在清洗管道、抽吸污水系统时将异物清除掉；而在空中时，人工作动活门，异物进入管道只会引起进一步的堵塞。这也是很多乘务员抱怨机上不配备像家里面卫生间使用的抽吸的原因，用其只会将异物压入管道引起进一步的堵塞。

同样，在马桶里倒入大量清水，利用重力将异物压入排污管道也是不可取的，在短航线上可能会让马桶继续工作觉得行之有效，但在长航线上，这些异物进入马桶共用管道导致堵塞会使得其他马桶也不能使用。如果马桶底部的异物不能取出，只能关闭卫生间停止使用。实在没有厕所可用、迫不得已时，才能使用这种权宜之计，这时建议倒入热水并加入蓝色的除臭消毒剂，促进纸类异物的溶解。

如果马桶底部没有异物堵塞，乘务员可以按压冲水按钮让真空泵工作听声音，没有声音说明真空泵故障，有声音而马桶没有吸力或吸力很小说明冲洗活门卡阻，更多的是排污管道堵塞了，这时应关闭卫生间停止使用。乘务员可以查看机上乘务员控制面板（FAP），真空泵故障 FAP 面板上会有显示。在污水箱内装有几个水量传感器，一旦水满，顶部的传感器会发出信号，在 FAP 面板上显示污水箱满，如果污水箱满，马桶会停止工作。有一种情况，当顶部水量传感器被异物覆盖时，会触动传感器发出错误的信号，FAP 面板上显示污水箱满，从而导致所辖管的厕所马桶都不工作。起飞后不久，按常理污水箱是不会满的，如果 FAP 面板上显示污水箱满，几个马桶不工作，除了总管堵塞外，水量传感器被异物覆盖发出错误信号也是起因之一。

一旦卫生间关闭停止使用，旅客如厕会不方便，增加排队等候的时间，旅客会抱怨，这时需要乘务员做好解释工作，耐心安抚，同时要加大其他卫生间的监控和检查，告知旅客卫生间设备的使用方法，不少初次乘机或者看不懂说明的旅客确实不知道怎样使用厕所设备，我们要理解并提醒旅客不要将异物扔进马桶内，确保其他马桶不再发生堵塞故障。还有重要的一点是，要将情况及时报告机长，由机长综合判断决定是否返航、备降或继续飞往目的地。

既然机上厕所污水系统那么容易堵塞，难道平时就没人维护吗？这个大家大可不必担心，机务维修人员会定期用专用清洁剂来清洁管路，或者在定期维护中将管路拆下进行更彻底的清洁或更换。

（资料来源：民航资源网．陈迎洪，2016-04-11.）

学习效果检测

扫描下方二维码，检测你的学习效果。

09

学习检测

中篇

典型机型设备运行及管理

项目十
A320 客机

项目导读

　　本项目主要以 A320-214 飞机为例介绍空客 A320 系列客机的客舱设备和运行，应急设备的分布和使用方法，出口的分布以及正常和非正常状况下的操作方法，释放滑梯和救生船的程序和注意事项，客舱内乘务员控制面板；此外，还简单介绍了客舱通信系统和 CIDS 系统。

学习目标

　　知识目标：熟悉 A320-214 客机应急设备和出口在飞机中的分布和使用方法；熟悉滑梯和救生船的安放位置；熟悉客舱内乘务员各个控制面板的布局；了解 A320-214 客机客舱通信系统和 CIDS 系统。

　　技能目标：掌握 A320-214 客机应急设备使用方法；熟悉正常和紧急状况下出口的正确操作方法；能熟练释放滑梯和救生船，熟悉相关注意事项；能熟练操作客舱前后乘务员控制面板。

📑 案例导入

空中客车 A320 系列飞机亚洲总装线投产其首架空客 A321 飞机

　　空中客车今日宣布，在其位于中国天津的空中客车 A320 系列飞机亚洲总装线投产首架 A321 飞机，进一步扩大并深化与中国航空业的合作，表明了空中客车加强与中国长期战略合作伙伴关系的决心。

　　今年 8 月份，空客天津总装线正式开始进行适配升级，以具备 A321 飞机的生产及交付能力。这是该总装线自 2008 年投入运营以来首次进行大型升级改造，目前首架 A321 飞机已经投产，并计划于明年初交付。

"自去年 11 月我们宣布计划将这条总装线的生产能力扩展至 A321 飞机以来，空客天津团队与欧洲专家团队及供应商紧密合作，克服国内外疫情形势影响，顺利按计划完成相关适配改造工作，我感到非常自豪。"空中客车全球执行副总裁、空中客车中国公司首席执行官徐岗表示，"首架 A321 飞机的投产彰显了空中客车对中国的承诺，是我们与中国进行工业合作的又一新里程碑。"

空中客车在全球共有四座 A320 系列飞机总装线，分别位于法国图卢兹、德国汉堡、中国天津和美国莫比尔。到 2022 年年底，四座总装线都将具备生产及交付 A321 飞机的能力，以保障产能提升，应对 A321 飞机不断增加的份额。

位于天津的空中客车 A320 系列飞机亚洲总装线于 2008 年启用，是空中客车在欧洲以外的首条民用飞机总装线。同一年，首架份飞机部件运抵总装线。自 2009 年交付首架 A320 飞机至今，该总装线已经成功运营了超过 14 年，总装交付超过 600 架飞机，已经成为中欧合作的成功典范。

空客 A321neo 飞机是 A320neo 系列飞机中最大的成员，拥有单通道飞机中极为宽敞的客舱，单一客舱布局情况下最大载客量可达 244 人，最远航程可达 4700 海里 /8700 公里。得益于包括新一代发动机和鲨鳍小翼在内的全新科技，与上一代飞机相比，A320neo 系列飞机的燃油消耗可以降低 20%，噪声降低 50%。截至 2022 年 9 月底，广受欢迎的 A320neo 系列飞机共获得来自全球 130 余家客户的超过 8500 架订单。

（资料来源：民航资源网 . 2022-11-09.）

讨论：借助网络查询国内各主要航空公司在飞的 A320 机型飞机的情况，看哪个航空公司数量最多？

任务一　了解 A320 客机的基本信息

一、A320 系列简介

（一）A320 系列发展历程

A320 系列是欧洲空中客车工业公司研制的双发中短程 150 座级客机。该系列包括 A318、A319、A320 及 A321 四种客机，这四种客机拥有相同的基本座舱配置，飞行员只要接受相同的飞行训练，就可驾驶以上四种不同的客机。这种共通性设计同时也降低了维修的成本及备用航材的库存。A320 是一种真正的创新的飞机，为单过道飞机建立了一个新的标准，A320 由于较宽的客舱给乘客提供了更大的舒适性，因而可采用更宽的座椅和更宽敞的客舱空间，它比其竞争者飞得更远、更快，因而具有更好的使用经济性。在此基础上又发展了较大型和较小型机种，即 186 座的 A321 和 124 座的 A319 以及 107 座的 A318。

A320 系列客机在设计中采用 "以新制胜" 的方针，采用先进的设计和生产技术以及新的结构材料和先进的数字式机载电子设备。它是世界上最先采用电传操纵系统的亚音速民航运输机。其机翼在 A310 机翼的基础上又进行了改进，双水泡形机身截面大大提高了货舱中装运行李和集装箱的能力。因其客舱舒适宽敞而成为当前最受欢迎的 150 座级的中短程客机。

（二）A320 系列主要型号

1. A320

欧洲空中客车工业公司于 1979 年 7 月宣布 A320 客机方案，1983 年 12 月 A320 计划正式上马，1987 年 2 月 22 日第一架飞机首次试飞，1988 年 2 月获适航证并交付使用。主要型号有：

（1）A320-100 型，基本型，共生产 21 架。于 1988 年 3 月首次交付法国

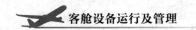

航空公司。

（2）A320-200 型，远程型，为生产线上第 22 架之后的产品，与 A320-100 型的区别是采用中央翼油箱、增加了有效载重和航程。第一架于 1988 年 7 月交付安塞特航空公司使用。

2. A321

A321 是欧洲空中客车工业公司第一个完全通过商业筹资完成的项目。它是从 A320 直接派生的加长型机种，与 A320 相比，增加 24% 的座位和 40% 的空间，在机翼前后各增加两个应急出口，对机翼进行局部加长，该项目于 1989 年 5 月启动，1993 年 3 月 11 日首航，同年 12 月 17 日获欧洲适航证，1994 年 1 月交付使用。主要型号有：

（1）A321-100 型，基本型；

（2）A321-200 型，加大航程型，该项目 1995 年 4 月启动。

3. A319

A391 是从 A320 直接派生的缩短型，与 A320 相比，机身短 3.73 米，机翼上应急出口减少一个，机身后部散货舱取消。该项目启动于 1993 年 6 月，1995 年 8 月首飞，1996 年 4 月获型号合格证，同年 5 月交付使用。主要型号有：

（1）A319 型，基本型；

（2）A319CJ 型，公务机型。

4. A318

1994 年 4 月 26 日，正式推出 A319 缩短型的百人座客机 A318。A318 继续保持与 A320 系列的通用性，为客户提供全新的百座级客机的选择。A318 于 2002 年 1 月 15 日首飞，即将交付使用。

二、A320-200 基本数据

表 10-1　A320-200 基本数据

项　　目	A320-200
翼展（米）	34.09
机长（米）	37.57

续表

项 目	A320–200
机高（米）	11.76
标准两级客舱布局载客（人）	150
货舱容积（立方米）	37.42
商载（吨）	16.3
空机重（吨）	41
最大油箱容量（升）	23 860
最大起飞总重（吨）	73.5
最大巡航速度	0.82 马赫数
航程（公里）	5 000
动力装置	两台涡扇发动机
发动机型号	CFM 公司 CFM56-5 系列
	IAE 公司 V2500 系列

任务二　熟悉应急设备的分布

一、应急设备分布位置

表 10-2　A320 应急设备类型及数量

图 标	名 称	客舱数量	客舱存放位置	驾驶舱数量
	氧气瓶	4	第 1 排左侧行李架上 1 个，第 1 排右侧行李架上 1 个，最后一排左侧行李架上 2 个	2
	灭火器	4	1L 乘务员座位下方 2 个，旋转乘务员座位下方 1 个，2R 乘务员座位下方 1 个	1

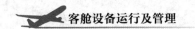
续表

图　标	名　称	客舱数量	客舱存放位置	驾驶舱数量
	麦克风	2	第 2 排左侧行李架上 1 个，最后一排左侧行李架上 1 个	
	急救箱	1	2CD 行李架内 1 个或第 1 排右侧行李架内 1 个	左侧衣帽间内 1 个
	急救药箱	1	最后一排左侧行李架上 1 个	
	婴儿 / 儿童救生衣	6	最后一排左侧行李架上（集成包装）	
	加长安全带	4	最后一排左侧行李架上（集成包装）	
	旅客 / 机组救生衣	158+6	每个机组人员和旅客座位下	4
	呼吸保护装置	6	1AC 行李架上 2 个，2L 门乘务员座位旁 1 个，2R 门乘务员座位上方 1 个，27DEF 行李架上 2 个	1
	手电筒	5	每个乘务员座位下方	2
	人工开氧工具	4	1L 门乘务员座位下方 2 个，2L 门乘务员座位下方 1 个，E 厕所旁乘务员座位下方 1 个	
	演示包	3 包	第 1 排右侧或 2AC 行李架上 2 套，最后一排行李架上 1 套（集成包装）	
	紧急出口带滑梯	2	客舱第 10、11 排左紧急窗口	
	紧急出口带滑梯 / 救生船	4	1L，1R，2L，2R	
	救生包	4	第 1 排右侧行李架内 2 个，最后一排右侧行李架上 2 个	
	信标机	1	2L 门乘务员座椅背后	
	脱离绳	4	第 10 排左右应急窗上方行李架内各 2 根	2
	生化隔离包	1	1DF 或 1AC 行李架内	
	应急斧	1	2L 乘务员座椅背后	1
	6 人救生筏	1	最后一排左侧行李架	

二、分布图

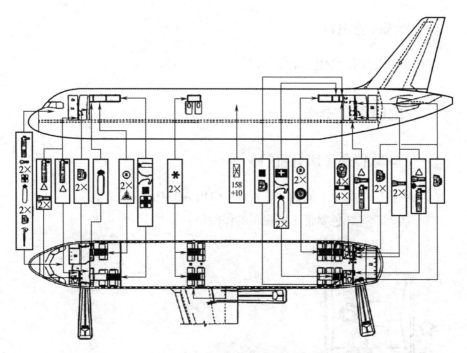

图 10-1　A320 应急设备分布图

任务三　掌握出口设置情况及操作

一、出口设置

（一）机门

该机型有 4 扇 "I" 型门，在每个机门处安放有双通道滑梯/救生船，滑梯/救生船载客量正常为 44 人，最大为 55 人（2360、2361 为单通道滑梯）。

（二）翼上应急窗

4个翼上应急窗位于机翼两侧，每侧两个，每侧设有一个双通道的滑梯。

（三）驾驶舱出口

驾驶舱两边窗口可作为紧急出口。

二、出口正常操作

（一）解除待命（所有机门）

（1）将机门待命把手放到"非待命"（DISARMED）位置；

（2）插入带有红色飘带（可视）的保险销；

（3）合上塑料保护盖。

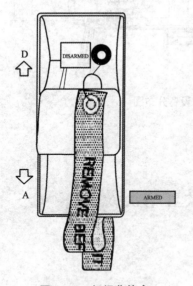

图 10-2　机门非待命

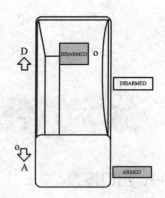

图 10-3　机门待命

（二）机门待命（所有机门）

（1）拔出带有红飘带的安全销，并将飘带收藏好，使之不可视；

（2）将待命把手压下至"ARMED"位置，合上塑料保护盖。

（三）打开机门（所有机门）

（1）确认机门已解除待命。当红色客舱压力警告灯亮时，不得开门；

（2）一手抓住门旁的辅助把手，一手抓住开门把手，完全提起开门把手，将机门向外向前推至锁定位。

（四）关闭机门（所有机门）

（1）压下防风锁按钮将门松开拉至门框；

（2）将门把手向里、向下压至关闭；

（3）检查锁定显示在绿色 LOCKED 位置。

三、出口应急操作

（一）打开机门——使滑梯／救生船展开（所有机门）

（1）确认机门在待命状态；

（2）充分向上提起门把手然后松开；

（3）机门气动开启；

（4）充分拉出人工充气把手。

（二）人工打开机门——使滑梯／救生船展开（所有机门）

在气动开门失败的时候，可以人工打开机门。

（1）一手抓紧门旁的辅助把手，一手充分提起门把手，推至开位；

（2）充分拉出人工充气把手；

（3）水上迫降撤离前，应先将救生包挂到救生船的锁扣装置上。

图 10-4 人工充气

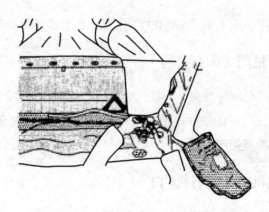

图 10-5　将救生包挂到救生船

（三）打开应急窗出口——使滑梯展开

（1）拿下手柄盒盖（见图①）；

（2）手柄灯（见图②）和滑梯待命指示（见图③）亮出；

（3）操纵手柄（见图④）拉下应急窗；

（4）托住把手把应急窗从框上拿下（见图⑤）；

（5）把应急窗扔到机外（见图⑥）；

（6）滑梯自动充气，否则拉应急窗框内的人工充气把手。

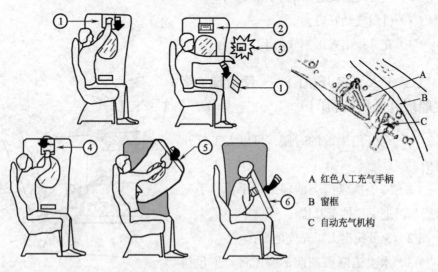

A　红色人工充气手柄

B　窗框

C　自动充气机构

图 10-6　打开应急窗出口——使滑梯展开

（四）开启驾驶舱紧急窗口

（1）将控制把手用力下压往下向后推；

（2）转动把手往后拉至开位，锁定；

（3）使用脱离绳：打开窗上方的盖子；抓住绳头上的把手，从窗口滑下。

图 10-7　开启驾驶舱紧急窗口

任务四　学会释放滑梯 / 救生船

一、脱开滑梯 / 救生船

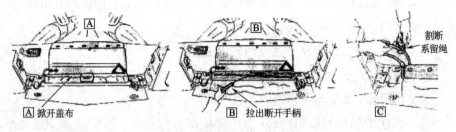

割断系留绳

Ⓐ 掀开盖布　　　Ⓑ 拉出断开手柄　　　Ⓒ

图 10-8　脱开滑梯 / 救生船

二、安装滑梯／救生船天篷

（1）找出储藏在救生船上的天篷支杆；

（2）将两个支杆的螺纹头相对拧紧；

（3）将支杆的包头与救生船上标有 MAST LACATION 的尼龙块连接，并用绳固定住；

（4）将打开的天篷安置在中央桅杆和末端桅杆上，并将天篷底部的绳子与救生船上的天篷固定位连接，系紧；

（5）将救生船上的定位灯伸出天篷的小孔。

三、抛放救生船

救生船载量正常为 6 人，最大为 9 人。具体操作方法见通用客舱设备救生船一节内容。

四、滑梯／救生船转移

所有机门的滑梯／救生船都可互换使用。如果有一扇机门不能使用，受挤压或在海上迫降时被淹，这时就要将这扇门上的救生船转移至另一扇救生船已经脱开的门上。

失效舱门的滑梯／救生船待命手柄必须处于待命状态；向内拉开滑梯盖连接扣，去掉滑梯／救生船外壳。

1. 将滑梯／救生船包从不能使用的门上拆除

（1）向后 45° 的方向拉动黄色牵索，解开 GIRT BAR；

（2）拉滑梯／救生船包顶部的红色手柄；

（3）抓住滑梯包两边将滑梯／救生船提出舱门支座，逆时针移动连接器，将滑梯／救生船包背后的连接扣脱开，翻出滑梯／救生船；

（4）必要时使整个部件转向；

（5）整理好滑梯／救生船表面，使 GIRT BAR 处于顶部；

（6）将滑梯／救生船包搬运到另一扇门处。

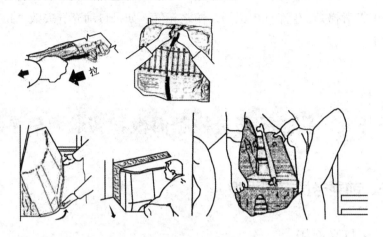

图 10-9　拆除滑梯／救生船包

2. 将滑梯／救生船包安装在新的门上

（1）滑梯／救生船包放在新门前，放在舱门前面，软面朝上，箭头朝舱外；

（2）向后 45° 方向拉黄色牵索，将原来的 GIRT BAR 除去。

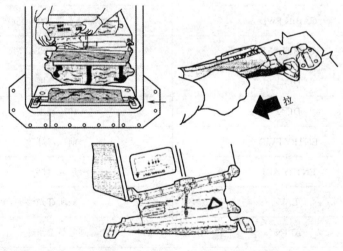

图 10-10　安装滑梯／救生船包

（3）将滑梯／救生船包装入新的门底；

（4）将新的 GIRT BAR 固定好；

（5）将滑梯 / 救生船推出机门，使之充气。如果自动充气失败，拉动人工充气把手。

任务五　熟悉乘务员控制面板和客舱通信系统

一、前乘务员控制面板

（一）灯光面板

表 10–3　灯光面板

MAIN ON/OFF	总开关
WDO	侧窗灯
CLG	顶灯
CABIN FWD	前舱灯光且 100% 亮度
CABIN AFT	后舱灯光且 100% 亮度
DIM1	50% 亮度
DIM2	10% 亮度
ENTRY FWD	前入口灯
ENTRY AFT	后入口灯
LAV	厕所灯光
ATTN	乘务员工作灯
READ	旅客阅读灯

（二）音频面板

表 10-4　音频面板

MUSIC	登机音乐
ON/OFF	开关
SEL	选频
+、-	音量调节
0~9	数字键
ENTER	输入
CLEAR	清除
START ALL	播放全部预设的广播
START NEXT	逐条播放预设的广播
STOP	停止播放
MEM01~05	预设广播的播放顺序
PES ON/OFF	旅客座位音响系统开关

（三）杂项面板

表 10-5　杂项面板

EMER	人工接通应急灯光
SMOKE LAV	任一厕所烟雾警告
EVAC CMD	撤离指令键（按下，发出撤离指令）
EVAC	撤离警告指示键
RESET	按下，取消相关客舱各类警告
CIDS CAUT	CIDS 系统或相关系统故障提示灯
PNL LIGHT TEST	液晶屏及前乘务员控制面板按键测试键

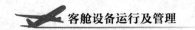

二、后乘务员控制面板

后乘务员面板仅用于控制相关客舱与入口。

表 10–6 后乘务员控制面板

EVAC	撤离警告指示键
RESET	取消相关客舱各类警告
AFT BRT–DIM1–DIM2	调节客舱灯光亮度

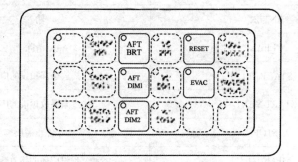

图 10–11 后乘务员控制面板

三、客舱通信系统

（一）机内广播操作

（1）取下手机；

（2）按 PA ALL 对整个客舱广播；

（3）按 FWD 对前舱广播；

（4）按 AFT 对后舱广播；

（5）在广播过程中始终按住 PUSH TO TALK 键；

（6）挂好手机切断广播系统。

（二）内话系统操作

（1）取下手机；

（2）按下 CAPT 键呼叫驾驶舱，或按下 EMER CALL 紧急呼叫驾驶舱；

（3）按下 FWD ATTND 呼叫前舱乘务员；

（4）按下 AFT L ATTND 呼叫左后舱乘务员；

（5）按下 AFT R ATTND 呼叫右后舱乘务员；

（6）按下 ALL ATTND 呼叫全体乘务员；

（7）按下 SVCE INTPH 呼叫地面维护人员；

（8）通话时不要按住送话键；

（9）按下 RESET 键，重置系统；

（10）挂好手机，切断内话系统。

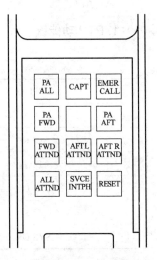

图 10-12　乘务员手机面板

四、CIDS 系统（客舱内部通信数据系统）

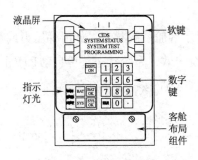

图 10-13　CIDS 系统

CIDS 系统可通过编程和测试面板（PTP）进行控制。PTP 位于前乘务员座椅上方的盖板后面，紧贴前乘务员面板（AIP）。PTP 用于设定和测试客舱系统。

（一）PTP

1. PTP 功能键

表 10-7   PTP 功能键

DISPL ON	显示
0~9	数字键
CLR	清除
BAT	应急电源电量储备不足
BAT OK	应急电源电量储备充足
SYS	应急电源系统故障
SYS OK	应急电源系统良好

2. PTP 给电后显示项目

（1）SYSTEM STATUS 系统状态；

（2）SYSTEM TEST 系统测试；

（3）PROGRAMMING 设定。

3. 系统状态

系统状态模式能显示客舱系统状态，如滑梯压力或舱门压力。

如果CIDS连接系统失效，系统状态菜单自动PTP上显示发生故障的系统。CIDS 如果失效，CIDS CAUT 按钮显示红色。

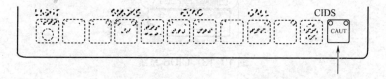

图 10-14   CIDS CAUT 按钮

（二）CIDS 复位

在电源转换或 CIDS 出现故障的情况下，若飞机停在地面，可以用 PTP 系统测试模式的复位功能进行复位。但在 CIDS 复位前必须请示飞行员。在飞行时，不能通过 PTP 板进行 CIDS 复位，这会影响到客舱系统的功能。

民航安全

航班起飞时为何突然"中断"？偏出跑道有这些可能原因！

2022 年 5 月 12 日，西藏航空公司 TV9833 航班在执行重庆—林芝客运任务时，在重庆机场起飞滑跑过程中偏出跑道。民航西南管理局称，根据机组反映，飞机在起飞过程中出现异常，按程序中断起飞，偏出跑道后发动机擦地起火，目前已扑灭。机上共计 122 人，其中旅客 113 人，机组 9 人，已全部安全撤离。在撤离过程中，有 36 人擦伤扭伤，已及时送当地医院检查。

何种情况下航班会中断起飞？

资深机长陈建国表示，此次出事的是空客飞机，该机在空速 100 节前的低速阶段，飞机上任何警告和不正常情况都可以中断起飞。在 100 节以上的高速阶段，空客飞机通常在发动机失效、火警、预警式风切变或侧杆失效或不能安全起飞时才会中断起飞。目前民航客机的所有中断起飞操作，都必须由飞行员执行。

业内人士表示，飞机起飞的状态下，通常是设定了一个临界值速度，飞机在起飞时超过了这一速度，通常是必须起飞。不过，飞机在起飞过程中，如果突然决定不飞，且当时速度没有超过临界值速度，这种情况下称为起飞"中断"。至于当时为何判定为"中断"，该业内人士说，通常是飞机出现故障情况下判为"中断"，这一情况要等官方调查后才能确定。

北京航空法学会常务副会长兼秘书长、中国政法大学航空与空间法研究中心研究员、航空界首席大律师张起淮接受民航资源网独家采访中表示，飞机异常中断起飞，一般是机组在飞机起飞时不同阶段中，发现发动机和飞机各个系统出现异情的等级，或跑道入侵和被指挥等情况下，采取的中断飞机起飞的操作。中断起飞比继续起飞安全，也便于抢救处理。通报显示，根据机组反映，飞机在起飞过程中出现异常，按程序中断起飞，偏出跑道后发动机擦地起火。张起淮表示，该情况很少见，但具体情况还有待有关部门的详细调查。

此外，业内人士表示，涉事航班从重庆飞往林芝的 A319 飞机，也是高原航线的主力机型。"通俗来说，这种飞机体重轻，劲儿大。"

据了解，空客 A319 飞机素有高原雄鹰、高原王子之称，该机型适宜海拔 2438 米及以上飞行的高原性能。西藏航空官网显示，西藏航空是国内首家高高原航空公司，机队规模近 30 架，目前为全空客机队，机型包括 A319、A320 和宽体双通道 A330。其中，具有卓越高高原运行能力的 A319 和 A330 均进行了特殊改装。

偏出跑道≠冲出跑道

在今天的媒体报道中，部分媒体称飞机"冲出跑道"，而后续民航局和西藏航空的官方通报中使用的都是"偏出跑道"。

资深机长表示，偏、冲出跑道的区别在于，偏是指跑道侧面，冲是指跑道延长线道面以外。

冲/偏出跑道（Runway Excursion）是指跑道道面上的航空器冲出跑道道面末端或偏出一侧，多发生在起飞或着陆过程中，具体可分为：

—偏出（veer-off）：航空器偏出跑道一侧；

—冲出（overrun）：航空器冲出跑道末端。

欧洲航空安全局在分析此类事故时，将其具体分为了 6 种：

—中断起飞后冲出跑道；

—未中断起飞的冲出跑道；

—未中断起飞的偏出跑道；

—中断起飞后偏出跑道；

—降落后冲出跑道；

—降落后偏出跑道。

气囊被烧坏选择跳机？

某新闻报道称，因气囊被烧坏，有旅客选择跳机。

事实上，所谓的气囊其实是紧急逃生滑梯。飞机上有多个紧急出口，如果有大火、地面不安全、滑梯没充气等不安全的情况，果断选择另外一个最近的出口逃生。如果飞机起落架还未安妥，从飞机上跳下来就不仅仅是闪到腰的后果了！

专家：处置果断值得称赞

据报道，来自武汉的乘客赵先生（化姓）表示，事发时，机组让旅客先行撤离。"我坐在第二排，出事后很快就有空姐把飞机前舱的舱门打开了，逃生滑梯也弹了出来。"赵先生称，虽然当时情况很混乱，但机组人员还是有序组织大家从机上撤离，让大家先走。当时他是第二个撤出飞机的乘客，他从逃生滑梯上滑落，腿和胳膊有两处擦伤。

有专家接受民航资源网独家采访时表示，从事件的整个情况来看，机组人员处理果断，特别是在两分钟内明火起来之前紧急疏散旅客非常重要，后来救护车和消防车赶到的时候，如果当时机组人员没有按照程序去做好应急准备，帮助和组织旅客紧急逃离现场，这次事情将后果严重。这次事件机组中断起飞的决策是正确的，更便于救援和撤离。此外，局方也做了及时通报，专家事故调查组会及时赶到现场。

航空博主天赐之洋表示，这次撤离总体来说是成功的。乘务组在无准备情况下，果断的判断力和迅速的执行力是值得称赞的。对于空乘来说，关键时刻，乘务人员必须冷静面对，用最快的速度最专业的水平撤离，保证人员不受任何伤亡，就是成功的！最后，再次要对这架飞机上的乘务组说一声，感谢你们！你们的专业代表了整个中国民航！对于全民航的空乘人员而言，其实每一位都经过初训和每年的复训，分分秒秒都在为安全、为救人做好充足准备，准备好了却又永远不希望碰上。碰上了，一定竭尽所能！

（资料来源：民航资源网 . 2022-05-12.）

学习效果检测

扫描下方二维码，检测你的学习效果。

10

学习检测

实训建议

建议开课院校在课程讲授过程中安排学生参观空客 A320 系列的机型，有条件的院校还可以按照教学目标中列出的操作目标安排学生进行有关的操作训练。

项目导读

　　本项目主要以 A330-300 飞机为例介绍空客 A330 系列客机的客舱设备和运行，应急设备的分布和使用方法，出口的分布以及正常和非正常状况下的操作方法，释放滑梯和救生船的程序和注意事项，客舱内乘务员控制面板。此外，还简单介绍了客舱通信系统和 CIDS 系统。

学习目标

　　知识目标：熟悉 A330 客机应急设备和出口在飞机中的分布和使用方法；熟悉滑梯和救生船的安放位置；熟悉客舱内乘务员各个控制面板的布局；了解 A330 客机客舱通信系统和 CIDS 系统。

　　技能目标：掌握 A330 客机应急设备使用方法；熟悉正常和紧急状况下出口的正确操作方法；能熟练释放滑梯和救生船，熟悉相关注意事项；能熟练操作客舱前后乘务员控制面板。

📑 案例导入

比利时航空接收其首架 A330neo

　　总部位于比利时蒙-圣吉贝尔的全服务国际航空公司比利时航空（Air Belgium）近日接收了首架空客 A330-900 飞机。

　　该架飞机采用共 286 座的三级客舱布局（舒适全平躺公务舱 30 座，高端经济舱 21 座，经济舱 235 座），选装了空客"飞行空间"（Airspace）客舱内饰。机上所有座位都装备了最新一代客舱娱乐系统和机上互联 Wi-Fi，以及情境灯光系统。

得益于 A330neo 飞机最新的技术，比利时航空将受益于低成本且环保高效的飞机解决方案，同时以同级别领先的安静客舱为乘客提供杰出的舒适性标准。此外，与上一代飞机相比，A330neo 更低的噪声和排放使其对机场及周边环境更加友好。

比利时航空计划将该机型投入其由布鲁塞尔出发的远程航线运营。该公司目前运营着一支包括 A330-200F 货机和 A340-300 飞机在内的全空客机队。未来，该公司的 A340 飞机将会被 A330neo 飞机替换。

A330neo 系列飞机是 A330 系列飞机的新一代机型；它以 A330 系列飞机经过验证的经济性、多功能性和可靠性为基础，同时与上一代飞机相比平均单座油耗和二氧化碳排放量减少 25%，并可提供非凡的航程能力。A330neo 飞机以罗尔斯·罗伊斯最新一代遄达 7000 发动机为动力，并采用了翼展更大的全新机翼和复合材料鲨鳍小翼以获得更好且更省油的空气动力学性能。

截至 2021 年 9 月，A330 系列飞机共获得来自 126 家客户的超过 1800 架订单，仍然是有史以来最受欢迎的宽体飞机家族。

（资料来源：民航资源网 . 2021-10-09.）

讨论：借助网络查询国内各主要航空公司在飞的 A330、A340 机型飞机的情况，看哪个航空公司数量最多？

任务一　了解 A330 客机的基本信息

一、A330 系列简介

（一）A330 系列发展历程

欧洲空中客车工业公司在分析世界主要航空公司 20 世纪 90 年代需求后，于 1986 年 1 月宣布研制两种先进双过道宽机身客机 A330 和 A340。除了发动机的数量和与发动机相关的系统外，这两种机型有很大的共同性，它们有85%的零部件可以互相通用，采用同样的机身，只是长度不同，驾驶舱、机翼、尾翼、起落架及各种系统都相同，这样的设计可以降低研制费用。这两种机型还保留了A300/A310机型的高效率机身截面设计。

1987年4月欧洲客车工业公司决定A330和A340两种型号作为一个计划同时上马。A330和A340两种型号的研制费共计25亿美元（1986年币值）。

A330和A340采用了许多现代化技术，如电传操纵和多功能座舱显示装置，同时先进机翼、高效率发动机及大量复合材料的采用，减轻了飞机的重量，飞机每座公里油耗和每座直接使用成本都有较大下降。

（二）A330系列主要型号

空客公司从20世纪70年代初即开始远程客机的研制，初定名为A300B9；20世纪80年代重新开始该计划，新机定名为TA9（TA即双通道的英文two aisles的首字母缩写）；1986年改名为A330；1987年开始制造。

A340是在A330基础上设计的，初定名为A300B11，后定名为TA11；1986年改名为A340；1987年正式开始研制。在当时，A340比A320多搭载两台发动机，航程更长。但随着发动机可靠性的提升，A340这一优势逐渐失去。四发动机机型，油耗和维修费用双高的问题也突显出来。因而，A340逐渐失去市场并被很多航空公司陆续淘汰。

1. A330-300型

A330-300型是空客公司A330家族中载客量最大的一种型号。1987年11月2日首飞，1994年6月2日获欧、美适航证书。A330飞机采用222英寸横截面的宽体机身，提供了最大的运营灵活性以满足市场发展趋势，该机型能够满足不同运营商对客舱座位数和分级布局的各种需求。

2. A330-200型

A330-200型是A330的远程、短机身型，这种机型的推出使空客公司的大型双发客机销售情况大为改观。A330-200型较300型机身短5.3米，加大尾翼，加强了机翼结构。1997年8月首飞，1998年5月开始交付使用。按照装配发动机的不同，该型又可分为-201\-202\-203\-223\-243等多个子机型。

3. A330neo

2014 年 7 月 14 日，空客正式宣布推出 A330 双通道客机的改进型 A330neo，A330-800neo 和 A330-900neo 两款飞机以进一步完善宽体飞机家族。相比 A330，A330-800neo 和 A330-900neo 更换了发动机以降低油耗增加航程，同时进行气动性能改进，并引入新的客舱技术。

2017 年 10 月 19 日下午 3 点 56 分，A330neo 首飞并成功。

二、A330 基本数据

表 11-1　A330-200 和 A330-300 基本数据

项　目	A330-200	A330-300
翼展（米）	60.3	60.3
机长（米）	59	63.6
机高（米）	17.9	17.9
标准两级客舱布局载客（人）	293	335
货舱容积（立方米）	136	162.8
空机重（吨）	120.5	124.5
商载（吨）	36.4	45.9
最大油箱容量（升）	139 090	975 30
最大起飞总重（吨）	230	230
航程（公里）	11 850	10 400

任务二 熟悉应急设备的分布

一、应急设备分布位置

表 11-2 应急设备分布位置

图 标	名 称	客舱数量	客舱存放位置	驾驶舱数量
	灭火器	8	1L、1R 门座位下各 1 个，2L 门右侧座位下 1 个，2R 门左侧座位下 1 只，2R 门右侧座位背后 1 个，4L、4R 门座位下各 1 个，下舱机组休息室 1 个	
	氧气瓶	9	第 1 排 AB 行李架上 1 只，第 1 排 HJ 行李架上 2 个，2L、2R 门座位旁储藏箱内各 1 个，4L、4R 门座位旁储藏箱内各 1 个，前机组休息室 1 个，下舱机组休息室储藏箱内 1 个	
	呼吸保护装置	14	1L 门座位旁储藏箱内 2 个，1R 门座位旁 1 个，2L 门左侧座位背后 1 个，2L 门右侧座位上方 1 个，3L、3R 门座位旁各 1 个，4L、4R 门座位旁储藏箱内各 2 个，2R 门左侧座位上方 1 个，2R 门右侧座位背后 1 个，下舱机组休息室 1 个	
	应急斧	3	驾驶舱右侧 1 把，下舱机组休息室 1 把，4R 门旁储藏箱内 1 把	1
	急救药箱	3	第 1 排 HJ 行李架上 1 只，第 42 排 HJ 行李架上 1 只，L62 旁储藏间中格内 1 只	
	急救箱	1	驾驶舱左边衣帽间小门内	1
	麦克风	2	1L 门座位旁 1 个，第 41 排 AB 行李架上 1 个	

图　标	名　称	客舱数量	客舱存放位置	驾驶舱数量
◎━━━	信标机	2	第1排AB行李架上1个，第42排AB行李架上1个	
	手电筒	15	前机组休息室1只，下舱机组休息室1只，每一个乘务员座位旁1只，驾驶舱内2只	2
⊠	旅客/机组救生衣	289 13	F舱、C舱/存放在旅客座椅中间扶手的下方，Y舱/存放在每位旅客的座椅下方，机组救生衣存放在每位机组人员座椅下方	4
⊙	婴儿/儿童救生衣	15	第1排AB行李架内8件，第42排AB行李架内7件（集成包装）	
━━━	婴儿安全带	15	第1排AB行李架内8根，第42排AB行李架内7根（集成包装）	
■	演示包	2	第1排JH、第42排AB行李架内各3套（集成包装）	
△	人工开氧工具	7	1L门座位下1个，2L门座位下1个，3L门座位下1个，4R门座位下4个	
⬠	应急出口带滑梯	2	3L、3R门（"I"型门）处各1个	
⬠	应急出口带滑梯/救生船	6	1L、1R、2L、2R、4L、4R门（"A"型门）处各1个	
▬	加长安全带	6	第1排AB行李架内（集成包装）	
✿	生化隔离包	1	9E座位上最后一个小行李箱内	

二、分布图

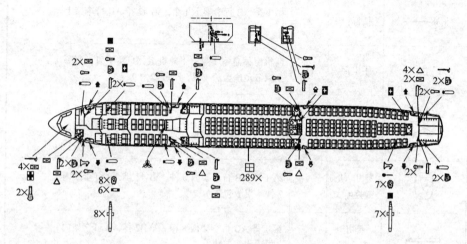

图 11-1　A330 应急设备分布

任务三　掌握出口设置情况及操作

一、出口设置

（一）机门

该机型有 8 扇门，分布为：1L、1R、2L、2R、3L、3R、4L、4R。单通道滑梯安装在 3L 和 3R 门，双通道滑梯 / 救生船安装在 1L、1R、2L、2R、4L、4R 门处，1L、1R、4L、4R 救生船载客量 65 人，最大载客量 78 人。2L、2R 救生船的载客量 55 人，最大载客量 68 人。

（二）应急出口

L54 和 L62 门口地板处为下舱休息室的应急出口，当下舱休息室启用时，餐车和人员不可停留在出口处。

（三）驾驶舱出口

驾驶舱两边窗口可作为紧急出口。

二、出口正常操作

（一）解除待命（所有机门）

（1）将机门待命把手放到"非待命"（DISARMED）位置；

（2）插入带有红色飘带（可视）的保险销；

（3）合上塑料保护盖。

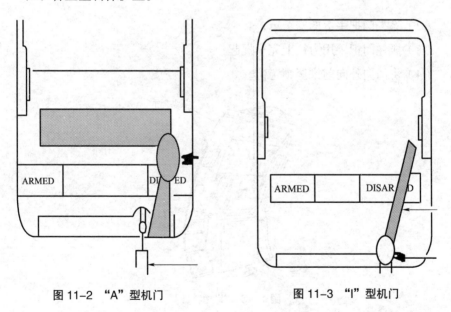

图 11-2　"A"型机门　　　　　　图 11-3　"I"型机门

（二）打开"A"型机门（1L、1R、2L、2R、4L、4R）

（1）确认机门已解除待命。当红色客舱压力警告灯亮时，不得开门；

（2）一手抓住门旁的辅助把手，一手抓住开门把手，完全提起开门把手，将机门向外向前推至锁定位。

（三）打开"I"型机门（3L、3R）

（1）确认机门已解除待命，当红色客舱压力警告灯亮时，不得开门；

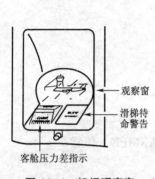

图 11-4　机门观察窗

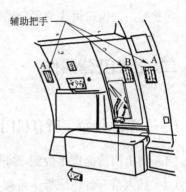

图 11-5　"A"型机门

（2）除去门把手上的安全罩；

（3）抓住门把手用力往上完全提起；

（4）将门向外向前推至锁定位。

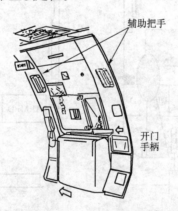

图 11-6　"I"型机门

（四）关闭"A"型机门（1L、1R、2L、2R、4L、4R）

（1）压下防风锁按钮，将门松开；

（2）握住辅助把手将门往后移与机身平行；

（3）移至门框时，将门把手向里向下压，关闭；

（4）检查门锁指示器，显示绿色"LOCKED"。

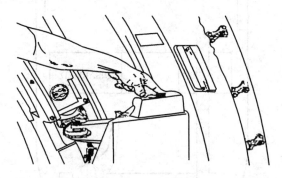

图 11-7　防风锁

（五）关闭"I"型机门（3L、3R）

（1）压下防风锁按钮将门松开拉至门框；

（2）将门把手向里向下压至关闭，合上门把手上的保护盖；

（3）检查门锁指示器，显示绿色"LOCKED"。

（六）机门待命（所有机门）

（1）拔掉带有红飘带的安全销，并将飘带收藏好，使之不可视；

（2）将待命把手向前推至"ARMED"位置，合上塑料保护盖。

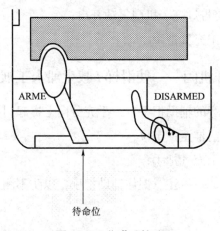

待命位

图 11-8　"A"型机门

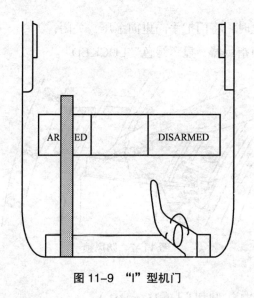

图 11-9 "I" 型机门

三、出口应急操作

（一）打开机门——使滑梯 / 救生船展开（所有机门）

（1）确认机门在待命状态；

（2）除去门把手的安全罩（3L、3R）；

（3）充分向上提起门把手然后松开；

（4）（滑梯待命警告灯亮）机门气动开启；

（5）充分拉出人工充气把手。

（二）人工打开机门——使滑梯 / 救生船人工展开（所有机门）

（1）一手抓紧门旁的辅助把手，一手充分向上提起门把手至开位；

（2）然后用力将门推至锁定位；

（3）充分拉出人工充气把手；

（4）机门操作时，一手注意握住辅助把手，以防不测。

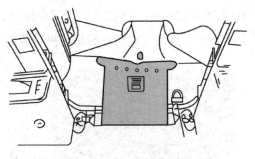

图 11-10　人工充气把手

（三）开启驾驶舱紧急窗口

（1）将控制把手往下压，向后推；

（2）将把手往后拉至锁定位；

（3）使用脱离绳，打开窗上方的盖子，抓住绳头上的把手，从窗口滑下。

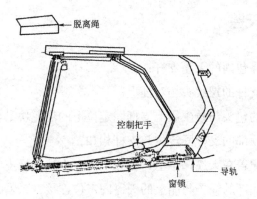

脱离绳

控制把手

导轨

窗锁

图 11-11　驾驶舱紧急窗口

任务四　学会释放滑梯 / 救生船

一、脱开（所有）门上的滑梯 / 救生船

（1）掀开 GIRT BAR 上的盖布；

（2）拉出标有 HANDLE 的白色断开把手，直到滑梯与 GIRT BAR 脱离；

（3）用救生船上的小刀将系留绳割断使滑梯与机身脱离。

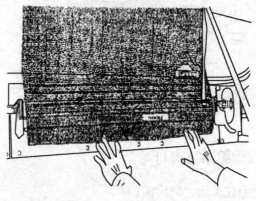

图 11-12　GIRT　BAR

二、安装天篷

（1）找出天篷包内的天篷支杆；

（2）将两个支杆的螺纹头相对插上；

（3）将支杆的包头与救生船上支杆固定位上的尼龙块黏合，并用绳固定；

（4）将天篷顶部的支杆固定位与支杆相扣；

（5）将天篷覆盖在天篷撑竿上，将绳子绕在支柱的橡皮底部；

（6）将天篷底部的绳子与船上的天篷固定位连接，系紧；

（7）将救生船上的定位灯伸出天篷的小孔。

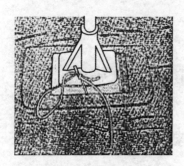

图 11-13　安装底座

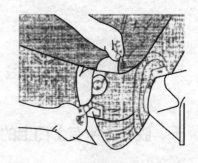

图 11-14　将天篷安装到充气支柱

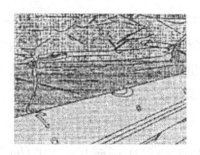

图 11-15　固定天篷

三、救生船转移（仅 1L、1R、4L、4R 可以互换使用 ）

如果有一扇门不能使用，受挤压或在海上迫降时被淹，这时就要将这扇门上的救生船移至另一扇救生船已经脱开的门上。

（一）去除滑梯 / 救生船外壳包装，将滑梯 / 救生船包从不能使用的门上拆除

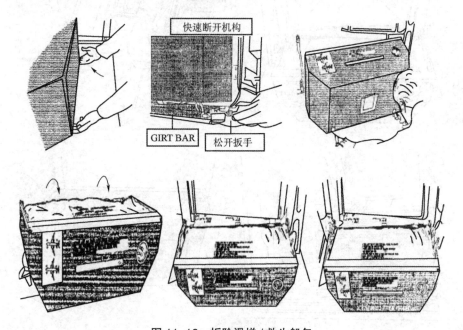

图 11-16　拆除滑梯 / 救生船包

（1）按下快速松开扳手使 GIRT BAR 弹出；

（2）拉动两侧红色可脱卸把手，使滑梯/救生船包松开；

（3）卸下滑梯/救生船包，使之与机门脱离，并放在地上；

（4）必要时使整个部件转向；

（5）将 GIRT BAR 放在软盖上。

（二）将滑梯/救生船包搬运到另一扇门处，将滑梯/救生船包安装在新的门上

（1）使滑梯/救生船包放在新门前，使软盖面向机外；

（2）按动松开扳手，松开并除去使用过的 GIRT BAR；

（3）将新的 GIRT BAR 固定好；

（4）将新的救生船推出机门，使之充气。如果自动充气失败，拉动人工充气把手。

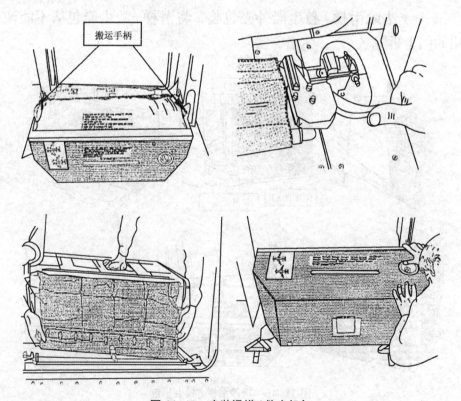

图 11-17　安装滑梯/救生船包

任务五 熟悉乘务员控制面板和客舱通信系统

一、乘务员控制面板

（一）前乘务员控制面板

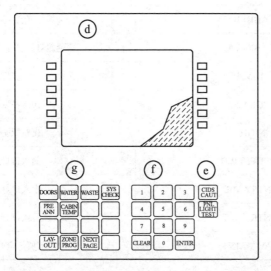

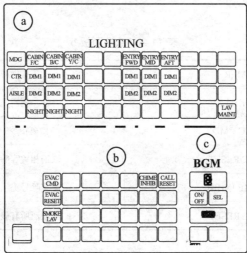

图 11-18 前乘务员面板

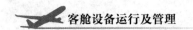

1. 灯光面板 a

表 11-3　灯光面板 a

MDG	侧窗灯
CTR	中央顶灯
AISLE	侧顶灯
CABIN F/C	头等舱灯光且 100% 亮度
CABIN B/C	公务舱灯光且 100% 亮度
CABIN Y/C	普通舱灯光且 100% 亮度
DIM 1	50% 亮度
DIM 2	10% 亮度
NIGHT	夜航照明
ENTRY FWD	前入口灯
ENTRY MID	中入口灯
ENTRY AFT	后入口灯
LAV MAINT	厕所灯全开

2. 杂项面板 b

表 11-4　杂项面板 b

EMER	人工接通应急灯光
SMOKE LAV	任一厕所烟雾警告
EVAC CMD	撤离指令 / 警告声
EVAC/RESET	取消相关客舱各类警告
CHIME INHIB	旅客呼号提示声抑制键
CALL RESET	取消所有旅客呼叫

3. 登机音乐 c

表 11-5　登机音乐 c

ON/OFF	开 / 关
SEL	选频

4. CIDS 系统液晶屏及软键 d/e

表 11-6　CIDS 系统液晶屏及软键 d/e

CIDS CAUT	CIDS 系统或相关系统故障提示灯
PNL LIGHT TEST	液晶屏及前乘务员控制面板按键测试键

5. 数字键 f

表 11-7　数字键 f

"0~9"	数字输入键
ENTER	输入
CLEAR	清除

6. 功能键 g

表 11-8　功能键 g

DOORS	显示机门状况页面
WATER	预设并显示水量页面
WASTE	显示污水量页面
SYS CHECK	显示 CIDS 检查页面
PRE ANN	预录广播操作页面
CABIN TEMP	显示并用于调节客舱温度
LAYOUT	客舱布局调整（维护人员操作）
ZONE PROG	区域编排，如禁烟区设定
NEXT PAGE	显示下一页

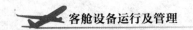

（二）附加乘务员面板

附加乘务员面板仅用于控制相关客舱与入口处的灯光。

表 11-9 附加乘务员面板

EVAC/RESET	取消本舱警告声
SMOKE LAV	任一厕所烟雾警告
CABIN-DIM1-DIM2	调节客舱灯光亮度
ENTRY-DIM1-DIM2	调节入口灯光亮度
NIGHT	夜航灯光键

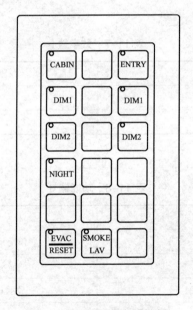

图 11-19 附加乘务员面板

二、客舱通信系统

（一）机内广播操作

（1）取下手机；

（2）按"PA"和"ALL"键或相应客舱键；

（3）在广播过程中始终按住"PTT"键；

（4）挂好手机切断广播系统；

（5）直接按下"PTT"键为应急广播。

（二）内话系统操作

（1）取下手机；

（2）按下"CAPT"键呼叫驾驶舱，或"PRIO CAPT"紧急呼叫驾驶舱；

（3）按下"INTPH"和区域号码，呼叫该区域乘务员；

（4）按下"INTPH"和"ALL"呼叫所有乘务员；

（5）通话时不要按住"PPT"送话键；

（6）按下"RESET"键，取消呼叫提示灯光；

（7）挂好手机，切断内话系统。

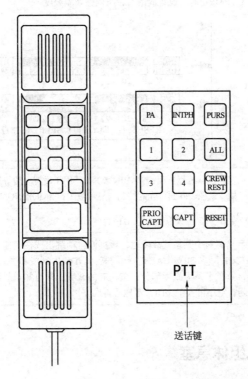

图 11-20　手机

三、CIDS 系统

表 11-10 CIDS 系统

DOORS	按下随时显示有关机门与滑梯信息：滑梯压力，气动开门压力；滑梯是否待命，机门开闭状态；飞前检查。
WATER	按下显示净水水量与控制页面："+"和"-"可以分别用于控制注水量；飞前检查。
WASTE	按下显示污水状况。
PRE ANN	按下显示预录广播设置、播放页面：数字键（0~9）输入条目号；"ENTER"确定输入条目；"CLEAR"清除输入条目。页面中的控制："START ALL"播放全部预设的广播；"START NEXT"逐条播放预设的广播；"STOP"停止播放广播；"MEMO1~5"预设广播的播放顺序。
CABIN TEMP	按下显示客舱温度调整页面："▲"指示设定的客舱温度；"FWD 16.0"显示相关区域实际温度；按下"+""-"软键，修正客舱温度；当选"REST TO COCKPIT SELECT TEMP"时，设置成由驾驶舱调整客舱温度。 ◄ S/R 10-16　　　　　RIO 24.0 + 18 20 22 24 26 28 30 ℃ ◄ S/R 20-45　　　　　AFT 32.0 + 18 20 22 24 26 28 30 ℃ RESET TO CDOKPIT SELRCTED TEMP. ►
ZONE PROG	按下显示客舱区域编程页面："CABIN ZONE"用于设置客舱等级与设定乘务员工作区域。如广播、录像、呼叫灯光的控制与显示范围；"SMOKING ZONE"设置禁烟区。
SYS CHECK	人工按下显示系统检查页面：飞前检查。
SYS CHECK	自动显示当客舱中某系统故障时，该页面自动跳出或在其他页面中显示"SELECT SYS CHECK"。"CIDS CAUT"键闪亮：CIDS 内部或相关系统故障；屏幕显示故障信息；黄色字条为故障部分；按相应的软键，即可知道故障信息；故障排除后，自动关闭；空中可人工关闭，落地后再次亮出。

四、下舱机组休息室

机组休息室安装在后货舱的前部。

（一）出口

机组通过一个楼梯门进入休息室，并配备有一个应急出口。

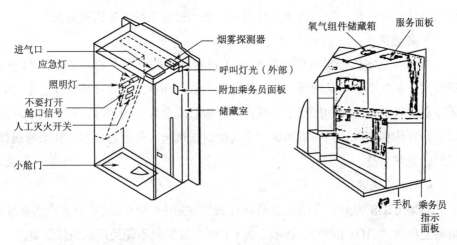

图 11-21　机组休息室

（二）警告系统

1. 空气稀薄

当探测到机组休息室内空气稀薄时，机组休息室内扩音器蜂鸣声响 30 秒钟。机组人员可使用紧急出口和楼梯出口撤离出去；确认机组人员全部撤离后，紧急出口和普通出口必须关闭。

2. 烟雾或起火

当机组休息室内探测到烟雾时，休息室内和乘务员扩音器中出现蜂鸣声响，相应的区域呼叫面板上和乘务员指示面板上呈琥珀色闪亮，机组休息室外面的呼叫灯光显示键呈黄色闪亮，用手提灭火器灭火。

如果人工灭火失败：迅速从紧急出口和楼梯出口撤离；确认机组人员已全部撤出，应急出口和正常出口必须关闭；这时自动灭火系统开始工作，但是人工灭火开关必须打开；一个可见的"DO NOT OPEN THE DOOR"警告出现在出口门上方。

当机组休息室无人，但小舱门开时，机组休息室内烟雾警告和出口门关闭，客舱内出现相同的警告：检查机组休息室内是否有人；如可能使用手提式灭火器进行灭火。

如果人工灭火失败：撤出休息室，关闭紧急出口和正常出口门；此时自动灭火系统开始工作，但为防止系统失效，必须打开系统人工灭火开关。

3. 急速失压

机组休息室扩音器内传出高低音响 30 秒钟，并且当座舱高度达到 14 000 英尺时，氧气面罩自动脱落。机组人员戴上氧气面罩；检查在机组休息室内的乘务员是否听到警告和使用了氧气面罩；检查安全带是否系好；在飞机下降阶段，待在休息室内。当飞机到达安全高度时，机组人员通过旅客广播系统通知机组休息室人员。

4. CIDS 失效

如果 CIDS 失效，在前乘务员面板和驾驶舱 ECAM（电子中央检测系统）页面上出现"CIDS IMPO"指示，在 CIDS 失效期间不能使用机组休息室。

（三）小舱门的操作

1. 打开小舱门

将小舱门上的红色开关手柄旋转至开位；提起小舱门，紧靠墙壁；压下小舱门的固定把手，确认锁扣锁上。

2. 关闭小舱门

松开小舱门固定锁扣并提起固定把手；放下小舱门与地板平；将红色小舱门开关把手旋转至关闭位。

电源被关或主小舱门关闭的情况下，请勿进入机组休息室，否则有窒息危险。

小舱门固定把手的锁扣正常情况下必须被按下并旋转至垂直状态，当要抬起小舱门固定把手时，首先要将把手锁扣环旋转至水平状态，然后向上推，露出锁扣环下方的红点，小舱门固定把手方可抬起。

🔊 民航安全

飞机客舱有哪些应急设施？坐飞机必备常识！

意外发生时，飞机上可以用哪些救生设施？怎么做才能得以幸存？现代民航客机上的救生设施一般多用于紧急迫降情况，通常情况下客舱内会具备：

（1）手提氧气瓶、卫生防疫包、应急医疗箱、急救箱；

（2）灭火瓶、灭火毯、防烟面罩、厕所烟雾探测器、厕所自动灭火器；

（3）乘务员折叠座椅及限制装置、厕所垃圾箱盖板；

（4）加长安全带、婴儿安全带、乘务员救生衣、成人备份救生衣、婴儿备份救生衣、安全演示包；

（5）逃生斧、应急发报机、翼上逃生绳、救生筏、应急手电筒；

（6）扩音喇叭、内话及广播等通信系统设备；

（7）应急撤离设施、应急出口标记、应急出口标志的照明、应急出口操纵手柄、应急出口的通道等。

常用应急设备使用说明

（1）应急出口

一般在飞机机身的前、中、后段都有，有醒目的标志，而且每个应急出口处都有应急滑梯和应急绳索。

（2）应急滑梯

一般由尼龙胶布胶接而成，平时折叠好后放在门上专用箱内，上面写有"救生滑梯"字样，使用时只要把滑梯的一端挂在客舱地板的专用钩上，再将舱门打开，应急滑梯便会自动充气鼓胀。

（3）救生艇

当飞机迫降在水面时，应急脱离飞机时可以用救生艇。平时救生艇不充气，需要时可以立即取出充气使用。现代客机所携带的救生艇数量根据飞机载客量而定。当飞机迫降在水面时，应急滑梯可以作为救生艇使用。

（4）救生衣

放在每个旅客的座椅下，救生衣上面有使用说明，乘务员也会做好示范。注意：不要在出机舱前给救生衣吹气，以免造成出舱门的困难。

（5）应急供氧

每个旅客座位上方都有氧气面罩储存箱，当舱内气压降低到海拔4000米气压值时，氧气面罩便会自动脱落，拉下戴好即可。

逃生技巧

迫降时最重要的是听从指挥，有组织的逃生比拥挤争抢获救生存的概率更大。登机时应该看清自己座位与紧急出口的距离。飞机发生事故时，机舱内漆黑一片，要注意观察过道地面的荧光条（可以指引撤离），回忆紧急出口位置。如果发现紧急出口也已起火或被浓烟包围，应该向有光亮的地方跑，那里往往是逃出的通道。

为避免对飞机应急滑梯和对自己逃生时造成损害，请脱掉高跟鞋摘下眼镜等尖锐物。当然，丝袜等易燃物品也应褪去。

在航程开始后，空乘人员会向旅客分发温纸巾，可以利用它过滤一些有害气体，延长逃生时间。其实飞机发生事故时，如果有起火冒烟，旅客一般只有不到2分钟的逃离时间。飞机发生意外时，伴随浓烟失火甚至爆炸，浓烟和火焰会随着风势蔓延，因此顺风跑的幸存者可能会面临二次伤害。

（资料来源：民航资源网．航佳技术，2015-07-31．）

学习效果检测

扫描下方二维码，检测你的学习效果。

11

学习检测

实训建议

建议开课院校在课程讲授过程中安排学生参观空客A330系列的机型，有条件的院校还可以按照教学目标中列出的操作目标安排学生进行有关的操作训练。课后学生自己查找相关资料，分析A330系列其他型号的客舱设备与运行管理中的操作差异和不同的注意事项。

项目十二
B737 客机

项目导读

本项目主要以 B737-700 飞机为例介绍波音 B737 系列客机的客舱设备和运行，应急设备的分布和使用方法，出口的分布以及正常和非正常状况下的操作方法，释放滑梯和救生船的程序和注意事项，客舱内乘务员控制面板。此外，还简单介绍了客舱通信系统和 CIDS 系统。

学习目标

知识目标：熟悉 B737-300 客机应急设备和出口在飞机中的分布和使用方法；熟悉滑梯和救生船的安放位置；熟悉客舱内乘务员控制面板的布局；了解 B737-300 客机客舱通信系统。

技能目标：掌握 B737-700 客机应急设备使用方法；熟悉正常和紧急状况下出口的正确操作方法；能熟练释放滑梯和救生船，熟悉相关注意事项；能熟练操作客舱前后乘务员控制面板。

📄 案例导入

南航新疆分公司 B737 新机加盟，机队增至 43 架

2012 年 2 月 13 日 19 时 35 分，一架机号为 B-5285 的全新波音 737-700 型飞机由美国西雅图经广州飞抵乌鲁木齐国际机场，加盟中国南方航空股份有限公司新疆分公司波音 737 机队。据悉，这是南航新疆分公司继昨日新到一架 E190 客机后，今年接收的第二架全新客机。

据了解，本次新引进的 B-5285 号客机加盟也使南航新疆分公司波音 737 型客机达到了 20 架，总机队规模达到 43 架，在册飞机座位数近 6200 多个，为即将结束的新疆春运市场提供了充足的中远程运力支持。新飞机仍然采用三舱布局，载客总量为 117 人，拥有 8 个头等舱、23 个高端经济舱和 86 个经济舱座位。作为南航新疆分公司的主力机型，波音 737-700 型客机向来以其出色的飞行性能，宽敞舒适的空间设计，以及机型的先进性、技术性和经济性受到广大旅客的欢迎。同时，该机仍采用波音创新的"天空内饰"，客舱内灯光照明系统可以根据不同的飞行或服务阶段选择多种模式。乘客在机舱内可以感受现代化、线条流畅的侧壁和视野开阔的舷窗，并通过舱内不同照明模式体会宜人柔和的蓝天、宁静放松的黄昏等场景光线。

目前，南航新疆分公司执管的波音 737-700 型客机普遍用于执飞中短程航线，主要承担乌鲁木齐至北京、上海、杭州、成都、昆明等国内热点城市以及喀什、和田、伊犁等疆内重点航线的运营任务。据悉，新到的 B-5285 号客机经过短暂的修整后，预计将于 15 日投入运行，首次飞行将执行乌鲁木齐—西安—武汉航线。

据悉，今年南航新疆分公司共计划引进 4 架波音 737-700、3 架 E190 全新飞机，并在时隔 IL86 退役 9 年后，再次执管两架波音 777A 大型宽体客机，今年年末预计机队规模将达 48 架，运力增幅史无前例。静态座位数也由去年的 5900 个增加至 7200 余个，增幅 19%，航班数量也会在去年的基础之上增幅 15%~20%，均属往年之最。

（资料来源：民航资源网．王晓东，2012-02-14．）

讨论：借助网络查询国内各主要航空公司在飞的 B737 机型飞机的情况，看哪个航空公司数量最多？

任务一　了解 B737 客机的基本信息

一、B737 系列简介

（一）B737 系列发展历程

B737 飞机是波音公司生产的双发（动机）中短程运输机，被称为世界航空史上最成功的民航客机。在获得德国汉莎航空公司 10 架启动订单后，B737 飞机于 1964 年 5 月开始研制，1967 年 4 月原型机试飞，同年 12 月取得适航证，1968 年 2 月投入航线运营。

B737 飞机基本型为 B737-100 型。传统型 B737 分 100/200/300/400/500 型五种，1998 年 12 月 5 日，第 3 000 架传统型 B737 出厂。目前，传统型 B737 均已停止生产。

1993 年 11 月，新一代 B737 项目正式启动，新一代 B737 分 600/700/800/900 型四种，它以出色的技术赢得了市场青睐，被称为卖得最快的民航客机。

（二）B737 系列传统型号

1. B737-100 型

B737-100 为基本型，装两台 JT8D-7 或 JT8D-9 涡扇发动机，仅生产 30 架。1967 年 4 月 9 日首飞，1968 年 2 月交付德国汉莎航空公司使用。

2. B737-200 型

B737-200 为 B737-100 型的加长型；在 B737-100 的机身上加长 1.8 米，在空气动力方面加以改进，同时还增加了反推装置，修改了襟翼等，至 1988 年 8 月停产，共生产 1 114 架，根据使用重量可使用 JT8D-9 至 JT8D 17 多种型号发动机。

B737-200 基本型：最初生产型。

B737-200 先进型：在 B737-200 型生产线上第 280 架后，进一步改进机翼、制动系统和起落架后，形成先进型，该机型可在机腹货舱加装油箱，1987年12月18日，最后一架出厂的B737-200（先进型）注册编号为B2524，在我国厦门航空公司安全运营15年后，于2003年退役。

B737-200C/QC客货两用型：对机身和地板进行了加强。客舱加开了一个舱门。客型和货型可以快速转换，共生产104架。

B737-200远程型：总燃油量增加到22 598升，下货舱后部还有一容积为3066升的备用油箱，其航程比标准型737-200增加1200公里。

3. B737-300 型

B737-300为标准型，机身比B737-200型加长2.64米（机翼前机身加长1.12米，机翼后机身加长1.52米）。该机型于1981年3月正式开始研制，1983年中开始总装，1984年1月第一架原型机出厂，同年2月24日首次试飞，11月28日首次交付使用。

4. B737-400 型

在B737-300型的基础上再加长3.05米（机翼前机身加长1.83米，机翼后机身加长1.22米），安装了尾撬，起飞时保护后机身，同时由于最大起飞重量增加到54 885千克，对机翼和起落架进行了加强。

5. B737-500 型

B737-500为B737-300型的缩短型。波音公司为了更充分地占有100~150座中短程客机各个档次，于1987年5月20日宣布发展B737-500。将B737-300的机身缩短6.7米，载客量108人，最大起飞重量52 163千克。首架B737-500于1989年6月30日首飞，1990年2月12日获得美国联邦航空局的型号合格证。1990年2月28日首次交付美国西南航空使用。

（三）新一代 B737

1. 简要介绍

在保持B737-300/400/500型受用户青睐的可靠、简单以及运营成本低的基础上，对机翼进行改进，换装推力更大、性能更好的CFM56-7发动机，使航程加大，与竞争对手空中客车A320同样具备了横跨美国大陆的飞行能力；同时采用了B777飞机最先进的数字化设计和制造技术。其中B737-700型为标准型，而B737-300型和B737-800型为B737-700型的加长型，B737-600

型为 B737-700 型的缩短型。

2. 设计

经过严格的气动力分析计算，波音公司重新设计了新一代 B737 的机翼，机翼的弦长增加了 50 厘米，翼展增加了 5 米，使得机翼总面积增加了 25%，燃油容量提高了 30%。先进的翼型设计使新一代 B737 的最大航程达到 6 000 公里，可以进行横跨美国大陆的飞行。新一代 B737 的巡航速度提高到 0.785 马赫（848 公里 / 小时），最大速度可达 0.82 马赫（885 公里 / 小时），最大巡航高度 12 400 米，超越了同级竞争机型。

3. 发动机

新一代 B737 选择了 CFM56-7 发动机作为动力。这种新型的发动机采用了代表最先进技术的宽弦风扇和全权限数字式发动机控制系统（FADEC）。与传统型 B737 上配置的 CFM56-3 发动机相比，其推力增加了 11%，而噪声远远低于三级噪声标准，而且它还具有油耗低和维护费用低的特点。

4. 通用性

新一代 B737 系列飞机与传统型 B737 具有相同的零部件与地面支持设备，完全相同的地面维护。另外，新一代 B737 的四种机型间具有 98% 的机械零部件通用性和 100% 的发动机通用性，从而为航空公司用户带来了满意的运营成本。

5. 灵活性

新一代 B737 系列飞机的客舱内饰也应客户要求做了很大的改善：设计采用了 B777 飞机客舱顶板的设计技术，飞机的灵活性大大改进，航空公司可以在不到 1 分钟的时间里，将新一代 B737 的客舱布局从公务舱的每排 5 座改成经济舱的每排 6 座；也可以在不到 1 个小时的时间里，将新一代 B737 的客机改装成货机。

6. 新技术

2000 年 2 月，波音开始提供一种先进的翼梢小翼技术，作为 B737-800 机型的选装项目。这种约 2.4 米高的融合式翼梢小翼将使新一代 B737 飞机的航程更远、有效载荷增加约 2.7 吨、油耗降低，并且更加环保。2001 年 5 月，首架带有翼梢小翼的 B737-800 飞机在德国的哈帕克·劳埃德航空公司投入运营。

7. B737-700 型

B737-700 型为标准型，可以载客 126~149 名，1993 年 11 月 17 日开始研

制，1997 年 2 月 9 日首飞，1997 年年底交付启动用户美国西南航空使用。

8. B737-800 型

B737-800 型为加长型，可以载客 162~189 名，1994 年 9 月 5 日开始研制，1997 年 7 月 31 日首飞，1998 年 4 月交付启动用户德国的哈帕克·劳埃德航空公司使用。

9. B737-600 型

B737-600 型是 B737-700 型的缩短型，可以载客 110~132 名，1994 年 9 月 5 日开始研制，1998 年 1 月 22 日首飞，1998 年 9 月开始交付启动用户北欧航空公司使用。

10. B737-900 型

B737-900 型是为了更好地与 185 座空中客车 A321 竞争而发展起来的。在 B737-800 型的基础上再加长 2.6 米，机身长达到 42.1 米。

B737-900 为该系列中最新、最大的成员，可以载客 177~189 名。于 2000 年 8 月 3 日首飞成功，2001 年 4 月 17 日获 FAA 适航证，4 月 20 日获欧洲联合航空局（JAA）适航证并于 2001 年 5 月投入运营。

二、B737-700 基本数据

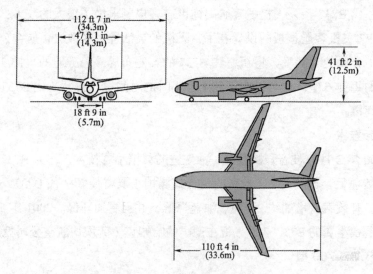

图 12-1　B737-700 三视图

表 12-1 B737-700 基本数据

项 目	B737-700
翼展（米）	34.3
机长（米）	33.6
机高（米）	12.6
标准两级客舱布局载客（人）	149
货舱容积（立方米）	27.3
商载（吨）	16
空机重（吨）	41
最大油箱容量（升）	26 035
最大起飞总重（吨）	70
最大巡航速度马赫数	0.82
航程（公里）	6 038
动力装置	两台涡扇发动机
发动机型号	CFM 公司 CFM56-7B 系列

任务二 熟悉应急设备的分布

一、应急设备分布位置

表 12-2 应急设备分布位置

图 标	名 称	客舱数量	客舱存放位置	驾驶舱数量
	氧气瓶	4	1L 门右侧壁板内 2 个，23ABC 行李架内 2 个	
	HALON 灭火器	2	1L 门右侧壁板内 1 个，2L 乘务员座椅上方 1 个	

续表

图 标	名 称	客舱数量	客舱存放位置	驾驶舱数量
	水灭火器	1	2R 乘务员座椅上方 1 个	
	呼吸保护装置	5	1L 门右侧壁板内 2 个，2L 乘务员座位上方 2 个，2R 乘务员座椅上方 1 个	
	信标机		1L 门右侧壁板内	
	婴儿／儿童救生衣	4	1L 门右侧壁板内	
	加长安全带	4	1L 门右侧壁板内	
	麦克风	2	1L 门右侧壁板内 1 个，23DEF 行李架内 1 个	
	手电筒	5	每个乘务员座椅下各 1 个	3
	脱离绳	2	翼上出口处左、右各 1 根	2
	应急出口带滑梯	4	1L、1R、2L、2R	
	应急出口无滑梯	2	翼上应急出口	
	急救箱	2	前进口壁板处 1 个，23ABC 行李架内 1 个	
	急救药箱	1	23DEF 行李架内 1 个	
	应急斧			1
	救生船	3	客舱前部天花板内 1 个，客舱后部天花板内 2 个	
	演示包	2 包	飞机左边第 1 个行李架内 2 套，飞机左边最后 1 个行李架内 1 套	
	机组／旅客救生衣	5+140/134	每位乘员座位下	3
	生化隔离包	1	1DF 或 22ABC 行李架内	

二、分布图

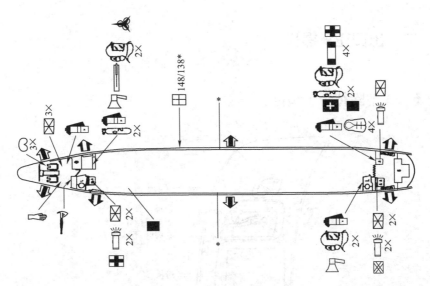

图 12-2　B737 应急设备分布图

任务三　掌握出口设置情况及操作

一、出口设置

（一）机门

该机型有 4 扇门：1L、1R、2L、2R，在每个机门处安放有单通道滑梯，分别位于每个机门处。

（二）翼上应急窗

2 个翼上应急窗位于机翼两侧，每侧一个。

（三）驾驶舱出口

驾驶舱两边窗口可作为应急出口。

二、出口正常操作

（一）解除待命（预位）

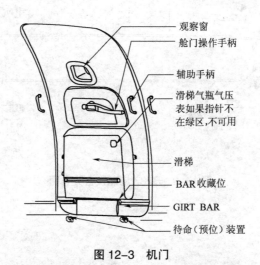

观察窗
舱门操作手柄
辅助手柄
滑梯气瓶气压
表如果指针不
在绿区,不可用
滑梯
BAR 收藏位
GIRT BAR
待命（预位）装置

图 12-3 机门

（1）从待命位退出 GIRT BAR；

（2）把 GIRT BAR 固定在舱门底端收藏位置上；

（3）观察窗处的红标签复位；

（4）确定门已处在非待命（预位）状态。

（二）打开机门

（1）将待命把手压下至"ARMED"位置，合上塑料保护盖，确认门已处非待命（预位）状态；

（2）根据箭头所指方向旋转门把手。

（三）关闭机门

（1）按下门边的防风锁松开键；

（2）向内拉机门；

（3）将机门向外推，直至与机身平；

（4）旋转门手柄，关紧门使其密封；

（5）为了安全，在机门操作时一手应握住辅助手柄。

（四）机门待命（预位）

（1）在关闭机门后；

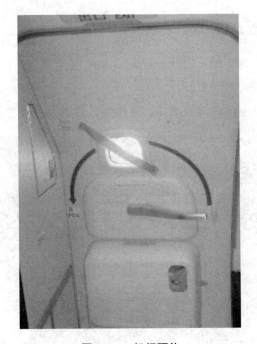

图 12-4　机门预位

（2）观察窗处的红标签挂好；

（3）卸下舱门底端 GIRT BAR；

（4）把 GIRT BAR 插入地板的待命（预位）位；

（5）确认门已待命（预位）。

三、出口应急操作

（一）打开机门——放下滑梯

（1）确认门已处待命（预位）状态；

（2）按箭头方向转动门手柄直到转不动为止；

（3）推开舱门，至锁定位；

（4）充分拉出人工充气手柄；

（5）为防意外，开门时一手应握住辅助把手。

（二）打开应急窗出口

（1）向下向内拉手柄，松开；

（2）窗会自动向外向上打开；

（3）拉出应急窗框内的脱离绳，连接到机翼表面的环上。

图 12-15　应急窗口

（三）打开驾驶舱窗出口

（1）按压手柄上的旋钮；

（2）向后朝里旋转手柄；

（3）拉住手柄直到应急窗完全打开；

（4）使用救命绳：按红色按钮打开救命绳存放盒盖，取出绳子并将其牢固连接在机身上，将绳扔出窗外，从窗口拉着绳子滑落到地面。

任务四　学会释放滑梯 / 救生船及使用客舱通信系统

一、把滑梯用作浮板

（1）掀开 GIRT BAR 上的盖布，使白色断开手柄暴露出来；

（2）拉动手柄，使滑梯从 GIRT BAR 上分离出来；

（3）割断绳索，使滑梯脱离飞机；

（4）用力拉断系留绳上的橘黄色的"PULL"手柄；

（5）使充气滑梯与系留绳分开；

（6）水上迫降时 2L、2R 门禁止打开。

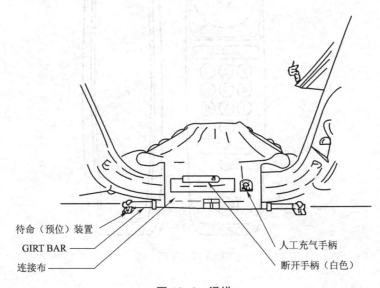

图 12-6　滑梯

二、救生船

救生船共有 3 个，载客量为 56 人。

三、内话、广播系统

（1）取下手机；

（2）呼叫驾驶舱：按"2"，再按"PTT"键；

（3）呼叫乘务员：按"5"，再按"PTT"键；

（4）广播：按"8"，再按"PTT"键；

（5）紧急呼叫：按"2，2，2"；

（6）按下"REST"键，取消呼叫提示灯光；

（7）挂好手机，切断内话系统。

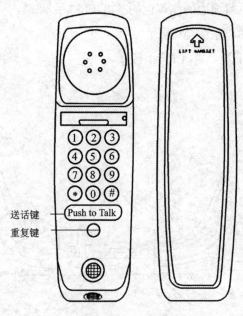

图 12-7 手机

四、乘务员控制面板

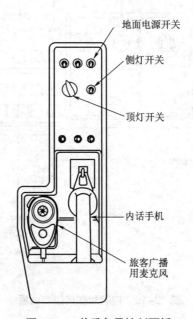

地面电源开关

侧灯开关

顶灯开关

内话手机

旅客广播
用麦克风

图 12-8 前乘务员控制面板

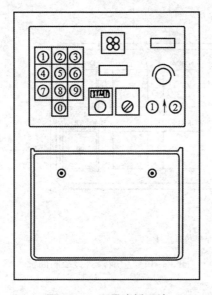

图 12-9 预录广播系统

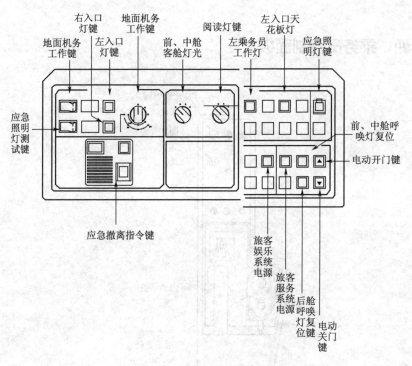

图 12-10　前舱乘务员控制面板

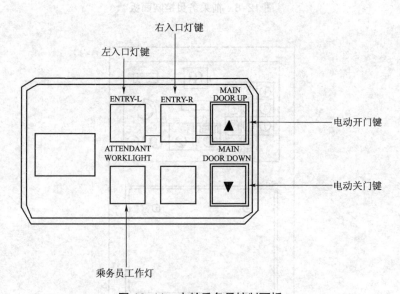

图 12-11　中舱乘务员控制面板

民航安全

飞机紧急撤离时的基本知识（摘选）

2011 年 12 月 9 日 10 点 40 分左右，上海浦东国际机场香港国泰航空有限公司 CX365 航班一架波音 747 飞机起飞滑行时机舱内突然冒出烟雾，出现火灾险情。机组、乘务组指挥乘客实施紧急撤离。351 名乘客及 19 名机组人员全部撤出，有 6 名乘客和 2 名乘务员受轻伤。

紧急撤离也叫应急撤离，分为陆地撤离和水上撤离两种。从准备撤离的时间上可分为：有准备的紧急撤离、有限时间准备的紧急撤离、无准备的紧急撤离。这次 CX365 航班的紧急撤离是无准备的陆地紧急撤离。飞机遇险，需要紧急撤离时，飞行机组和乘务组都有相应的预案和应急操作程序，而且都经过了严格训练，并且每年都会定期复训演练。在此简单介绍紧急撤离的基本知识和注意事项，及怎么防护避免自身受到伤害。

一、紧急撤离时对乘务员的基本要求

客舱乘务员在平常飞行中要熟悉客舱的应急设备，对于紧急设备的位置、用途、使用方法、注意事项、出口的位置、撤离路线的划分，都要铭记在心中，牢记应急撤离程序，要有过硬的心理素质。在出现险情时，能临危不乱，能做出正确的判断，及时向机长、乘务长报告，听从机长和乘务长的指挥，快速应对，密切配合，维持客舱秩序，迅速指挥旅客撤离。

二、紧急撤离的基本知识

1. 撤离口的选定

根据机长指示和周围环境以及飞机着陆（水）的姿态，决定哪些出口可以用，哪些出口不可以用。

2. 逃离方向的选择

（1）陆地撤离应选择在风上侧躲避，远离飞机至少 100 米以外。

（2）水上撤离应选择在风下侧，离开燃油区和燃烧区。

3. 撤离时间

（1）陆地撤离时间为 90 秒，此时间是从飞机完全停稳到机上最后一个人撤离为止。

（2）水上撤离一般情况为 20 分钟，最少 13 分钟，机上人员必须在 13 分钟内撤离完毕。

4. 跳滑梯的姿势

（1）正常人从滑梯撤离，应双臂平举，轻握拳头，或双手交叉抱臂，从舱内跳出落在梯内时手臂的位置不变。双腿及后脚跟紧贴梯面，收腹弯腰直到滑到梯底，站立跑开。

（2）抱小孩的旅客，把孩子抱在怀中，坐着滑下飞机。儿童、老人和孕妇也应坐着滑下飞机，在梯面的姿势与正常人相同。

（3）伤残旅客，根据自身的情况，坐滑或由援助者协助坐滑撤离。

5. 援助者的挑选

（1）乘坐飞机的机组人员；

（2）航空公司的雇员；

（3）军人、警察、消防人员；

（4）身强力壮的男性旅客。

6. 防冲击姿势

（1）成年人旅客：身体前倾，头贴在双膝上，双手紧抱双腿，两脚平放用力蹬地，系紧安全带；或两臂伸直交叉紧抓前面座椅靠背，头俯下，两脚用力蹬地。

（2）怀抱婴儿的旅客：将婴儿斜抱在怀里，婴儿头部不得与过道同侧，面朝上，弯下腰俯下身双脚用力蹬地或一手抱紧婴儿，一手抓住前面的椅背，低下头，双脚用力蹬地。

（3）特殊旅客（肥胖、孕妇、高血压、高大者）：双手抓紧座椅扶手，或双手抱头，同时收紧下颚，两腿用力蹬地。

（4）对于双脚不能着地的儿童。可采取将双手压在双膝下、手心向上，弯下腰的方式。

7. 取下锐利和松散物品

（1）取下钢笔、发夹、小刀和珠宝首饰、手表，将它们放在行李袋内，假牙和眼镜放在自己外衣口袋内；

（2）解下围巾和领带，放在行李箱内；

（3）脱下高跟鞋、皮鞋、带钉子的鞋，放入行李内；

（4）不要把任何东西放在座椅背后的口袋里；

（5）把所有物品和行李袋放在座椅底下或行李箱内，紧急撤离时不要携带任何行李。

8.异常情况下的撤离

通常情况是由机长发出撤离口令，机上人员才能撤离，但有时驾驶舱发生了异常情况，驾驶员失去指挥能力时，乘务长呼叫驾驶舱，30秒得不到指令，在下列情况出现时有权实施撤离：

（1）机体明显破损；

（2）烟雾火灾无法控制；

（3）燃油严重泄漏；

（4）飞机进水。

（资料来源：民航资源网．陈迎洪，2011-12-12.标题有改动．）

学习效果检测

扫描下方二维码，检测你的学习效果。

12

学习检测

实训建议

建议开课院校在课程讲授过程中安排学生参观 B737 系列的机型，有条件的院校还可以按照教学目标中列出的操作目标安排学生进行有关的操作训练。课后学生自己查找相关资料，分析 B737 系列其他型号的客舱设备与运行管理中的操作差异和不同的注意事项。

项目十三
B767 客机

项目导读

本项目主要以 B767-300 飞机为例介绍 B767 系列客机的客舱设备和运行，应急设备的分布和使用方法，出口的分布以及正常和非正常状况下的操作方法，释放滑梯和救生船的程序和注意事项，客舱内乘务员控制面板。此外，还简单介绍了客舱通信系统和 CIDS 系统。

学习目标

知识目标： 熟悉 B767-300 客机应急设备和出口在飞机中的分布和使用方法；熟悉滑梯和救生船的安放位置；熟悉客舱内乘务员各个控制面板的布局；了解 B767-300 客机客舱通信系统和 CIDS 系统。

技能目标： 掌握 B767-300 客机应急设备使用方法；熟悉正常和紧急状况下出口的正确操作方法；能熟练释放滑梯和救生船，熟悉相关注意事项；能熟练操作客舱前后乘务员控制面板。

📖 案例导入

波音 767 飞机历年重大事故盘点

截至 2019 年 2 月，波音 767 飞机共经历了 46 起事故，其中包括 17 起飞机全损事故，6 起致命的坠机事故，其中包括三起劫机事件，共计造成飞机上 854 人死亡。

波音 767 飞机的第一起致命事故是奥地利劳达航空 004 号班机事故。1991

年 5 月 26 日该架 767-300ER 飞机左侧发动机的推力反向器在飞行过程中打开，最终飞机在曼谷附近坠毁，机上 223 人全部遇难。此次事故发生后，所有 767 飞机的发动机推力反向器全部被禁用，直到波音公司完成对其的改良。调查人员认为，新型的 767 飞机所采用的由电子控制的推力反向器隔离阀是造成此次事故的主要原因。随后所有受影响的飞机都安装了全新的闭锁装置，包括新一代的 767 飞机。

此前 767 飞机还发生过一次全球瞩目的事故。1983 年 7 月 23 日，加拿大航空 143 号班机，机型 767-200，在飞行途中飞机燃油耗尽，飞机在两台发动机均失去动力的情况下滑翔了大约 43 海里（80 公里）紧急降落在缅尼托巴基米尼机场。飞行员使用冲压空气涡轮（RAT）来为液压系统提供动力以实现对飞机的气动控制。此次事故并没有造成人员死亡，只有部分人员受轻伤。事后该架飞机根据降落的机场名字而被称为"基米尼滑翔机"。

767 飞机共经历过 6 起劫机事件，其中 3 起劫机造成了人员死亡，总计死亡人数为 282 人。2001 年 911 恐怖袭击事件中共有两架 767 飞机被劫持，并撞上了世贸大楼，导致世贸双塔倒塌。美国航空 11 号班机，机型 767-200ER，撞击了世贸中心北座大楼，飞机上 92 人全部遇难；美国联合航空 175 号班机，机型 767-200，撞击了世贸中心南座大楼，机上 65 人全部遇难。此外，世贸大楼内以及地面上超过 2600 人在此次事故中丧生。2001 年美国航空的一架 767-300ER 飞机险些遭遇鞋子炸弹袭击，此后全美机场的安全检查站要求旅客在过安检时脱鞋接受检查。

2011 年 11 月 1 日，波兰航空 16 号班机，机型 767-300ER，飞机起落架发生机械故障，必须在没有起落架的情况下进行迫降，最终飞机安全降落在华沙肖邦国际机场。此次事故并没有造成人员伤亡，但是涉事飞机受损严重并逐步报废。此次事故刚发生时，航空业内专业人士曾推测这是 767 飞机投入运行以来第一起在起落架完全故障的情况下着陆的案例。后续的调查发现一根损坏的液压管导致飞机主起落架的收放系统失效，而备用系统也由于一个失效的断路开关而不能使用。

2016 年 10 月 28 日，美国航空一架波音 767-300ER 飞机准备从芝加哥奥黑尔机场起飞，执飞 383 号航班，当时机上载有 161 名乘客和 9 名机组人员。但由于飞机右侧发动机失效，进而导致油箱漏油引起飞机右翼下方发生火灾。

消防部门进入飞机客舱，所有乘客和机组人员通过滑梯紧急撤离飞机，20名乘客和1名机组人员在撤离过程中轻微受伤。

（资料来源：民航资源网．Tory，2019-02-25.）

讨论：借助网络查询国内各主要航空公司在飞的B767机型飞机的情况，看哪个航空公司数量最多？

任务一　了解 B767 客机的基本信息

一、B767 系列简介

（一）B767 家族发展历程

B767飞机是波音公司生产的双发（动机）半宽体中远程运输机，主要是用来争夺20世纪80年代B707、DC8、B727等200座机中远程客机由于退役而形成的市场。1972年提出计划，1978年7月开始全面研制，1981年9月26日第一架B767飞机首飞，1982年7月获型号合格证，同年8月投入航线运营。

B767采用了全新的机体，机身宽5.03米，这个宽度非常适合采用舒适的双过道客舱布局，并能适应当时已有的标准集装箱和货盘。同时使首次采用两人驾驶制的宽体飞机B767在设计上力求保持与B757有更多的共同性。飞机研制采用了国际合作方式，波音公司主要承担飞机最后总装，日本三菱、川崎和富士重工及意大利阿莱尼亚公司也参与了研制并各承担研制费和制作工作量的15%。截至2002年5月，已有近900架B767飞机交付给世界大约60家航空公司。

1985年5月，美国联邦航空局（FAA）批准，B767在远程飞行中距离备降机场最多可达120分钟飞行时间，即120分钟ETOPS（双发延程飞行）。1989年3月，又被FAA批准180分钟ETOPS。

（二）B767 飞机主要型号

1. B767-100 型

B767-100 是早期型，准备直接与空客 310 竞争，由于无订货未投产。

2. B767-200 型

B767-200 是基本型，最初生产的型号，于 1981 年 9 月首飞，1982 年 8 月交由美国联合航空投入运营。

3. B767-200ER 型

B767-200ER 是 B767-200 型的加大航程型，在 B767-200 型的基础上增加了载油量和最大起飞重量，1984 年 5 月 30 日首飞。

4. B767-300 型

B767-300 是 B767-200 型的加长型，日本航空公司是启动用户，于 1983 年 9 月开始研制生产。这种机型比 B767-200 加长了 6.43 米，载客能力增长了 20%，货舱容积也增长了 31%。加强了机身中段和起落架，1986 年 1 月 30 日首飞，1986 年 9 月开始交付使用。

5. B767-300ER 型

B767-300ER 是 B767-300 型的加大航程型，美利坚航空订购 15 架，成为该型号启动用户，在 B767-300 型基础上增加了中央翼油箱，提高了最大起飞重量，增加了航程，1988 年开始投入使用。

6. B767-400ER 型

B767-400ER 在 B767-300 型基础上机身加长 6.4 米，气动方面做了改进，增大了翼展和最大起飞重量，并采用了全新的主起落架。首架于 1999 年 8 月 26 日出厂，2000 年 5 月投入使用。

二、B767-300 基本数据

翼展：47.57 米

机长：54.94 米

标准经济布局载客量：269 人

货舱容积：107 立方米

最大燃油容量：90 916 升

最大商载：25 吨

最大起飞总重：187 吨

最大载重航程：5 150 公里

最大油量航程：11 393 公里

动力装置：两台涡扇发动机

可选发动机型号：

　　普拉特—惠特尼公司 4000 系列：PW4000（最大推力：63 300 磅）

　　罗尔斯—罗伊斯公司 RB211 系列：RB211-514G/H（最大推力：60 600 磅）

　　通用电气公司 CF6-80 系列：CF6-80C2（最大推力：62 100 磅）

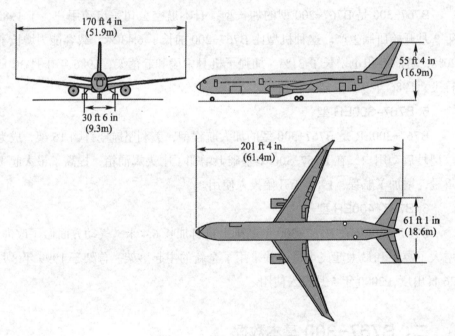

图 13-1　B767-300 三视图

任务二 熟悉应急设备的分布

一、应急设备分布位置

表 13-1 应急设备分布位置

图 标	名 称	客舱数量	客舱存放位置	驾驶舱数量
	HALON 灭火器	3	驾驶舱门旁储存柜内：第 9 排 C、D、E 座椅背后储存柜内，4L 门旁	1
	水剂灭火器	3	1L 门乘务员座椅旁：第 9 排 C、D、E 座椅背后储存柜内，4R 门乘务员座椅旁	3
	呼吸保护装置	6	1L 门座椅下方 1 个：驾驶舱门旁储存柜内 1 个，2L 门座椅下方 1 个，2R 门座椅下方 1 个，4L 门座椅下方 1 个，4R 门座椅下方 1 个	1
✳	装有逃离绳的紧急出口			2
➡	紧急出口带滑梯	2	3L、3R	
⟱	紧急出口带滑梯 / 救生船	6	1L、1R、2L、2R、4L、4R	
	应急电筒	12	每个乘务员座椅上方（3L、3R 门旁乘务员座椅下方）各 1 个	
	应急斧			1

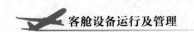

续表

图　标	名　　称	客舱数量	客舱存放位置	驾驶舱数量
	防烟镜			4
	机组救生衣	12	每位乘务员头垫内（3L、3R 门旁乘务员座椅下方）	4
	旅客救生衣	263	每个乘客座椅下方 1 个，头等舱在中间座椅扶手下方各 2 个	
	麦克风	2	驾驶舱门口旁储存柜内 1 个，42A、42B 行李架 1 个	
	便携式氧气瓶	10	驾驶舱门口储存柜内：9C、9D、9E 座椅背后储存柜内，3L 门乘务员座椅旁，42A、42B 座椅背后储存柜内，42C、42D、42E 座椅背后储存柜内	
	应急医疗箱	1	1A、1B 行李架上	
	急救箱	4	驾驶舱门口储存柜内，9A、9B 行李架上，42A、42B 座椅背后储存柜内，42F、42G 座椅背后储存柜内各 1 个	
	信标机	1	42C、42D、42E 座椅背后储存柜内	
	加长安全带	6	9F、9G 行李架上（集成包装）	
	婴儿 / 儿童救生衣	10	9F、9G 行李架上（集成包装）	
	演示包	8	1L/R、2L/R、3L/R、4L/R 乘务员座位下方	
	生化隔离包	1	客舱右侧第一个行李架内	

二、分布图

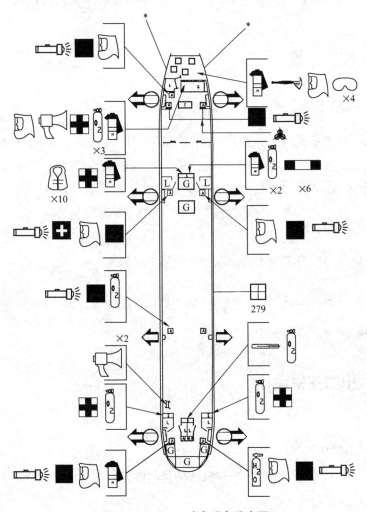

图 13-2 B767 应急设备分布图

任务三　掌握出口设置情况及操作

一、出口设置

（一）机门

该机型有 6 扇机门，分别分布在 1L、1R、2L、2R、4L、4R，在每个机门处安放有双通道滑梯 / 救生船，1L、1R、4L、4R 救生船的载客量 58 人，最大载客量 78 人。2L、2R 救生船的载客量 30 人，最大载客量 37 人。

（二）应急出口

两个应急出口分别位于客舱左、右侧第 29 排处。

（三）驾驶舱出口

驾驶舱两边窗口可作为应急出口。

二、出口正常操作

（一）滑梯待命

（1）在按下待命（预位）手柄释放按钮的同时，将待命（预位）手柄向上推到滑梯待命（预位）的位置。

（2）观察待命（预位）显示牌和 GIRT BAR 锁住显示牌全部显示黄色。

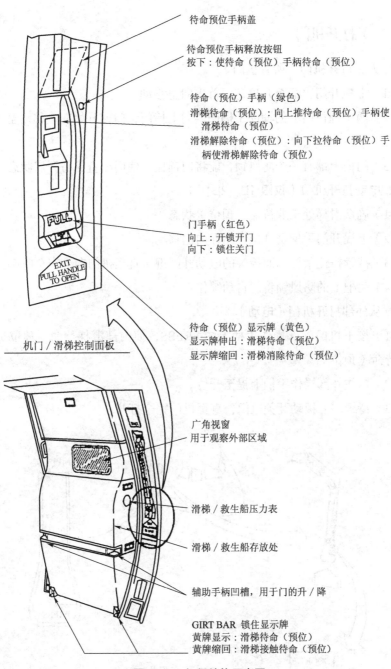

待命预位手柄盖

待命预位手柄释放按钮
按下：使待命（预位）手柄待命（预位）

待命（预位）手柄（绿色）
滑梯待命（预位）：向上推待命（预位）手柄使
　滑梯待命（预位）
滑梯解除待命（预位）：向下拉待命（预位）手
　柄使滑梯解除待命（预位）

门手柄（红色）
向上：开锁开门
向下：锁住关门

待命（预位）显示牌（黄色）
显示牌伸出：滑梯待命（预位）
显示牌缩回：滑梯消除待命（预位）

机门 / 滑梯控制面板

广角视窗
用于观察外部区域

滑梯 / 救生船压力表

滑梯 / 救生船存放处

辅助手柄凹槽，用于门的升 / 降

GIRT BAR 锁住显示牌
黄牌显示：滑梯待命（预位）
黄牌缩回：滑梯接触待命（预位）

图 13-3　机门结构示意图

（二）打开机门

1. 人工打开机门（所有机门）

（1）上提开门手柄至开位，门首先向里移动。

（2）两手握住门上的辅助手柄凹槽向上抬门，门即开始向上移动至天花板内。

（3）门框上部有一个防风锁，能将门锁住，使门一直保持开启状态。

2. 电动打开机门（仅限 1L、2L 门）

（1）确认滑梯处于非待命（预位）状态。

（2）上提开门手柄至开位，门即向内移动。

（3）持续按住乘务员面板旁的电动开门键，直至机门向上完全收起。

（4）门框上的防风锁将门自动锁住。

3. 从外部打开机门（电动）

（1）按下机门外部操作手柄上的 PRESS，使内部滑梯待命（预位）系统解除待命（预位）。

（2）抓住外部操作手柄上提至开位。

（3）持续向上扳动开关电门，直至机门完全打开。

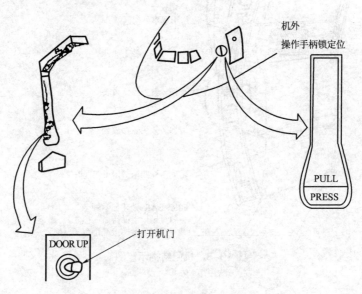

图 13-4　机外操作手柄

（三）关闭机门

1. 人工关闭机门（所有机门）

（1）轻轻抬着门，按下门框上的防风锁，降低门大约 5 厘米，松开防风锁，继续降低门。

（2）应站得离手柄远些，因为手柄会随着门的降低而移动。

（3）压下机门操作手柄，使机门与舱壁齐平。

2. 电动关闭机门（仅限 1L、2L 门）

（1）持续按住乘务员面板旁的电动关门键，直至机门完全降至地板处。

（2）压下机门操作手柄，使机门与舱壁齐平。

3. 从外部关闭机门（电动）

（1）轻抬门底，按下门框上的防风锁，降低门大约 5 厘米，松开防风锁。

（2）持续向下扳动开关电门，直至机门完全降至地板上。

（3）向下按压机门外部操作手柄，至锁定位。

三、出口应急操作

（一）打开机门——使滑梯 / 救生船展开

（1）确认门已处待命（预位）状态。

（2）向上抬起手柄至全开位置，门即自动上升至天花板内。

（3）充分拉出人工充气手柄。

（4）观察滑梯 / 救生船展开情况。

（二）打开应急出口——滑梯

（1）将开门手柄完全向上抬起，使门向里向上抬起。

（2）松开手柄，门会立即向外弹出。

（3）充分拉出人工充气手柄，使滑梯展开并充气。

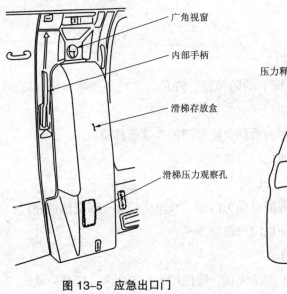

广角视窗

内部手柄

滑梯存放盒

滑梯压力观察孔

图 13-5　应急出口门

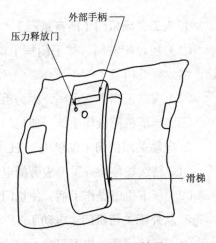

外部手柄

压力释放门

滑梯

图 13-6　开门时情景

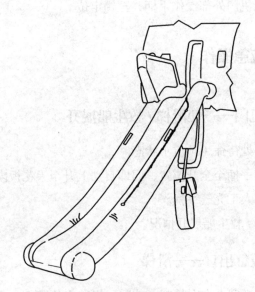

图 13-7　滑梯完全展开

（三）开启驾驶舱应急窗口

（1）按下手柄上的释放按钮；

（2）向后拉动手柄至锁定位，松开释放按钮；

（3）向箭头方向摇动手摇柄，直到窗子向后完全打开。

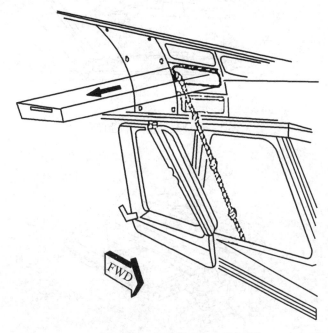

图 13-8　驾驶舱应急窗口

任务四　学会释放滑梯/救生船及使用客舱通信系统

一、释放滑梯/救生船

（1）掀开 GIRT BAR 上的盖布，使白色的分离手柄暴露出来；

（2）拉动分离手柄，使滑梯从 GIRT BAR 上分离出来；

（3）割断系留绳，使滑梯脱离飞机。

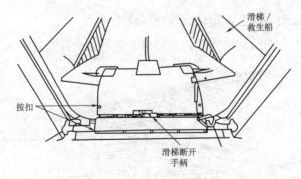

滑梯/救生船

按扣

滑梯断开
手柄

图 13-9　释放滑梯 / 救生船

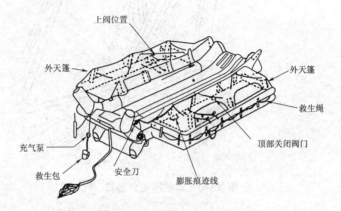

上阀位置

外天篷

外天篷

救生绳

充气泵

顶部关闭阀门

救生包

安全刀

膨胀痕迹线

图 13-10　滑梯 / 救生船设备

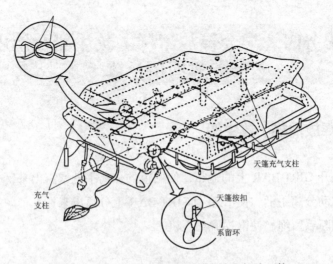

天篷充气支柱

充气
支柱

天篷按扣

系留环

图 13-11　L1/R1/L4/R4 门滑梯 / 救生船外天篷

二、乘务员控制面板

（一）客舱广播系统

1. 键盘话筒

客舱呼叫键：按下所选乘务员区域响高 / 低谐音，所选乘务员区域粉红色呼叫灯亮，若所选区域手持话筒被取下，呼叫停止。

乘客广播键：按下乘客广播键之后即可广播。

复位键：按下客舱 / 服务内话系统，通话完毕后取消呼叫，复位手持话筒（将手持话筒放回托架同样复位）。

机长呼叫键：按下声音从驾驶舱传出，驾驶员呼叫面板上的 FWD、MID 或 AFT 呼叫灯相应同时亮起，直到呼叫被回答或取消。

按下通话键：按下接通乘客广播系统。

紧急呼叫键：按下机长警告呼叫灯亮，通过乘客广播系统响（3 次）高 / 低谐音，所有乘务员区域粉红色呼叫灯亮。

2. 广播系统操作

（1）取下手持话筒；

（2）呼叫驾驶舱：按"PILOT"键，对着话筒讲话即可；

（3）呼叫乘务员：按"FWD"键或"MID"键或"AFT"键，呼叫"前""中""后"区域乘务员，对着话筒讲话即可；

（4）广播：按"PA"键，再按"PTT"送话键；

（5）紧急呼叫：按"ALET"键，客舱内出现连续三声高 / 低谐音，同时伴有灯光闪烁；

（6）按下"REST"键，取消呼叫提示灯光；

（7）挂好手持话筒，切断内话系统。

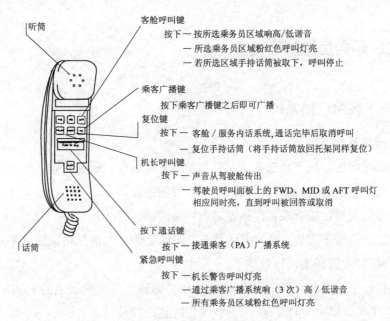

图 13-12　话筒

（二）乘务员控制面板

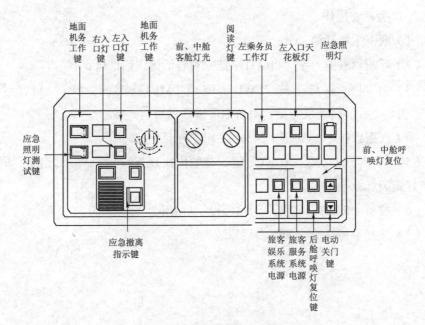

图 13-13　乘务员控制面板

🔊 民航安全

解锁乘务员职业：你不知道的另一面

12月底的厦门，天气渐凉，最高气温不过17℃。然而，对于常人而言舒适宜人的气温，对于厦航培训部51班的乘务学员们可不算是讨喜。今天，她们需要入水考核水上撤离项目。

一个班25名乘务学员，会游泳的不过5名，尽管如此，教员一声令下，她们就必须穿着救生衣，反身跳入2米深的水中，熟练掌握水中移动、双人互救、登陆救生筏、水中取暖等多项技能。她们在水中一泡就是一个多小时，等到上岸时，往往早已精疲力竭，被冻得瑟瑟发抖……

这是乘务员岗位训练的一个小片段。平日里，大众熟知的往往是乘务员客舱里嘘寒问暖的温柔形象，然而，除了端茶送水，美丽的背后，她们还有许多不为常人所知的另一面。严格的训练背后，是所有厦航乘务员共同的信念：为旅客提供最好的服务，那就是安全。

撤离口令楼下阿姨也能熟练喊出

"解开安全带，撤离！ Release，evacuate！""不要带行李 !No baggage! 一个接一个，跳，坐！ One by one，jump，sit！"……

厦航客舱应急撤离演练，飞机异常着陆，乘务员必须在90秒内帮助机上所有人员平安撤离。刚才还笑脸盈盈的空姐空少转眼化身"铁娘子""硬汉"，动作麻利、训练有素，响亮的指令声气势如虹，有序组织客舱旅客迅速撤离，不过一会儿工夫，声音就已经沙哑。

虽然只是模拟撤离场景，每位乘务员仍然拿出百分百的专注度投入其中。口令声此起彼伏，紧张的气氛在空气中蔓延，逼真程度让现场观众听出了"一身鸡皮疙瘩"。

看惯了平时客舱里温声软语的乘务员，听到她们用尽全身力气大声下达指令，这样的反差往往令人印象深刻。其实，对于每一位乘务员而言，这样的撤离场景并不陌生。

除了每年的乘务员复训，厦航不定期面向全体乘务员开展主题应急演练。厦航乘务大楼里里外外每一个角落，都有乘务员利用休息时间自主加强集训的身影。训练密集程度之高，甚至连楼下洗衣房的阿姨都能熟练喊出撤离口令。

通过不同场景叠加反复训练，每一个撤离的口令、动作早已烂熟于心，乘务员甚至一听到指令，下意识地就会做出相应动作，时刻准备保护旅客周全。

"待机时间"最长的乘务员

相比起其他航司，厦航乘务员拥有着行业内最长"待机时间"。除了基础的地面实习、岗前培训等课程，上机服务前，她们还需要在 43 天内完成超过 390 个课时的乘务业务学习。技多不压身，繁多的业务学习，为的是保障乘务员能够稳妥处置客舱中遇到的各种异常情况。

在培训过程中，每一位乘务员需要接受包括火灾、客舱释压、应急撤离、机上救护等多种飞行途中紧急情况处置的训练，身临其境地感受飞机地面滑行、起飞、巡航、降落等阶段的各种紧急情况，提高突发情况下的应急处置能力。

量血压、测脉搏、心肺复苏……单是机上救护一项，她们就需要进行近 5 天的学习，心肌梗死、哮喘、休克、癫痫等常见疾病的应急处置不在话下，就连孕妇生产、婴儿急救的保障动作也必须熟稔于心。2017 年 3 月 8 日，三名未婚厦航乘务员在飞机上为一名早产孕妇顺利接生的案例引起社会公众的广泛关注和赞誉，而保障的成功正是得益于平时的严格训练。哪怕成为正式乘务员，每年也需要重新进行复训，一个项目不合格，他们都将无法继续获得登机执勤资格。

据统计，在厦航飞机上，平均每个月有 20 余名旅客通过机上救护及时挽回生命。即使是飞行以外，厦航乘务员必修的急救课程也常常派上重要用场：今年 6 月，厦航乘务员及时出手救援，帮助一名晕倒在马路边、患有心脏病的六旬老人化险为夷；9 月，四名厦航乘务员凭借掌握的医疗救护技能，帮助动车站一位突然发病的癫痫病患者转危为安……

"白衣天使""水上救援者""救火员""铁娘子"……不同突发情况下不同的角色称呼，描绘着乘务员始终不变的初心——平安。正如一位普通厦航乘务员所说的，"我要有能力保护我的旅客。"平实的话语，传递出她们对每一位旅客的关怀，她们在每一条航线、每一个航班中尽职尽责，只为让每一位旅客舒心出行，平安回家。

（资料来源：民航资源网.陈迎洪，2011-12-12.标题有改动.）

学习效果检测

扫描下方二维码，检测你的学习效果。

13

学习检测

实训建议

　　建议开课院校在课程讲授过程中安排学生参观 B767 系列的机型，有条件的院校还可以按照教学目标中列出的操作目标安排学生进行有关的操作训练。课后学生自己查找相关资料，分析 B767 系列其他型号的客舱设备与运行管理中的差异操作和不同的注意事项。

项目十四
CRJ 客机

学习目标

　　知识目标：熟悉 CRJ-200 客机应急设备和出口在飞机中的分布和使用方法；熟悉客舱内乘务员各个控制面板的使用方法；熟悉客舱通信系统。

　　技能目标：掌握 CRJ-200 客机应急设备使用方法，熟悉相关注意事项；熟悉正常和紧急状况下出口的正确操作方法；能熟练操作客舱乘务员控制面板。

📖 案例导入

3 小时 54 分横穿北美大陆 庞巴迪刷新公务机飞行速度纪录

　　全球领先的飞机和火车制造商庞巴迪公司今日宣布其最新的旗舰公务机庞巴迪环球 7500 完成了美国洛杉矶和纽约两大城市之间的飞行，并以 3 小时 54 分钟的成绩打破速度纪录，成为迄今完成这条热门航线飞行的全球最快公务机。

该架庞巴迪环球 7500 飞机于美国当地时间 2019 年 3 月 24 日上午 7:01 从洛杉矶凡奈斯（VanNuys）机场起飞，并于当地时间下午 1:55 抵达纽约泰特波罗（Teterboro）机场，以 3 小时 54 分钟完成了横穿北美大陆的飞行任务，超过了之前所有公务机机型所创的纪录，更比民航直飞航班少耗时 1.5 至 2 小时。

此外，庞巴迪环球 7500 公务机在此次飞行中的最大速度达到了 0.925 马赫，并将该速度保持了两个多小时，既展现了杰出的速度能力，还提供了平稳的飞行体验。

"环球 7500 毫无疑问是目前市场上在各项技术性能指标均表现最为优异的公务机产品之一。"庞巴迪公务机全球总裁 DavidColeal 表示，"这次最新的速度纪录也再次证明了环球 7500 飞机在公务航空领域领军者的地位。"

自去年投入使用以来，庞巴迪环球 7500 公务机就不断展现出其卓越的性能和可靠性。2019 年 3 月初，环球 7500 还实现了全球公务航空史上迄今最远距离飞行，从新加坡到美国图森，成功完成 15 098 千米（8152 海里）的直飞任务。日前，庞巴迪的这款旗舰公务机环球 7500 还荣获了 2019 年度美国《航空周刊》桂冠奖最高荣誉。

（资料来源：民航资源网 . 2019-03-29.）

讨论：通过网络查询了解国内公务机的发展现状？

任务一　了解 CRJ 客机的基本信息

一、CRJ 系列简介

（一）CRJ 系列发展历程

CRJ 系列是由庞巴迪宇航集团提供的民用支线喷气飞机，包括 50 座的 CRJ-100/200、70 座的 CRJ-700、90 座的 CRJ-900。庞巴迪也是目前唯一能提供 40 座到 90 座支线喷气飞机系列的公司。

1986 年庞巴迪集团收购了加空宇航集团，为挑战者 CL601 改进型提供了动力和资金，从 1987 年开始研制，定名为地区喷气，后改名为加空 RJ，现已进一步简化为 CRJ。

庞巴迪宇航集团一直在发展支线客机，在收购了多家支线飞机制造商后，逐渐形成了较完整的支线飞机系列，而这一点正是航空公司目前最看重的地方，同时，由于支线涡轮螺旋桨飞机逐渐退出民航舞台，而庞巴迪 CRJ 系列以其舒适性高、速度快及维护方便等优点，正好填补了市场上这一空缺，促成了庞巴迪在支线航空领域的垄断地位。

（二）CRJ 系列主要型号

1. CRJ-100 型

原型机为挑战者 CL601，在此基础上，机身加长 6.10 米，机翼部分做了较大改进。于 1991 年 5 月 10 日首飞，1992 年获加拿大适航证书。1992 年 10 月 29 日开始交付使用。1993 年获欧、美适航证书。同时还在研制生产加大航程的 RJ100ER 和航程更大的 RJ100LR。

2. CRJ-200 型

该机型于 1995 年推出，是目前的标准生产型，具体型别有 CRJ-200 标准型、加大航程的 CRJ-200ER 及航程更大的 CRJ-200LR，其航程可达 3 700 公里。1996 年 1 月 15 日开始交付使用。

3. CRJ-700 型

70 座级支线喷气飞机，是在 CRJ-200 大受欢迎的基础上，为顺应市场要求更大承载能力支线客机的趋势，而推出的新型飞机。于 1997 年 1 月 21 日正式启动，1999 年 5 月 29 日首飞。在 2000 年 1 月 26 日开始交付给首家用户法国不列特航空公司（BRIT AIR）。

4. CRJ-900 型

90 座级支线喷气飞机，为 CRJ-700 型的加长型，是 CRJ 系列中最大、最新的成员，于 2001 年 2 月 21 日首飞，2003 年 1 月 30 日交付首位用户美国梅萨航空集团（Mesa Air Group）。

二、CRJ-200 基本数据

表 14-1 CRJ-200 基本数据

项 目	CRJ-200
翼展（米）	21.21
机长（米）	26.77
机高（米）	6.22
标准两级客舱布局载客（人）	50
货舱容积（立方米）	8.89
商载（吨）	5.4
空机重（吨）	13.7
最大油箱容量（升）	5 300
最大起飞总重（吨）	21.5
最大巡航速度	860 公里 / 小时
航程（公里）	1 825
动力装置	两台涡扇发动机
发动机型号	通用电气公司的 CF34 系列涡轮风扇发动机 CF34-3B1

任务二　熟悉应急设备的分布

一、应急设备分布位置

表 14-2　应急设备分布位置

图　标	名　　称	客舱数量	客舱存放位置	驾驶舱数量
	HALON 灭火器	2	1L 门左侧处储存柜内 1 个，后乘务员座椅旁 1 个	1
	呼吸保护装置	2	1L 门左侧处储存柜内 1 个，第 13 排 A、C 座椅背后 1 个	1
	烟雾探测器		卫生间内	
	自动灭火装置		卫生间内	
*	装有逃离绳的应急出口	2	左右应急出口各一根	1
	无充气滑梯应急出口	4	前登机门和前勤务门各 1 个，翼上应急出口各 1 个	
	应急电筒	2	前乘务员座位下方、后乘务员座椅旁各 1 个	2
	应急斧			1
	机组救生衣	3	前乘务员座椅下方 1 个，第 13 排 A、C 座椅背后各 1 个	3
	旅客救生衣	50	每个乘客座椅下方	
	有加长安全带的座位	2	倒数第二排的 C、D 座位	
	麦克风	1	1L 门左侧处储存柜内	

续表

图　标	名　称	客舱数量	客舱存放位置	驾驶舱数量
	便携式氧气瓶	2	1L门左侧处储存柜内	
	应急医疗箱	1	1A、1C座行李架上	
	急救箱	1	1L门左侧应急设备储存柜内	
	演示包	1	1A、1C行李架	
	加长安全带	2	1A、1C行李架上（集成包装）	
	婴儿／儿童救生衣	2	1A、1C行李架上两件（集成包装）	

二、分布图

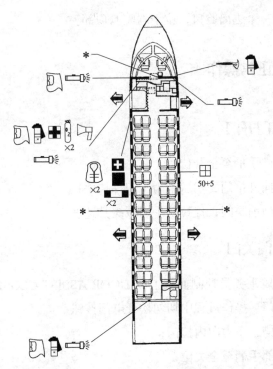

图 14-1　CRJ 客机应急设备分布图

任务三　掌握出口设置情况及操作

一、出口设置

（一）机门

该机型有 2 扇门，1L 和 1R，不配备滑梯。

（二）翼上应急窗

两个翼上应急窗位于机翼两侧。

（三）驾驶舱出口

驾驶舱设有一个逃离舱口，位于驾驶舱顶部。

二、出口正常操作

（一）登机门开门

（1）上提内部手柄至全开位；

（2）用手掌向外推门，然后施力于门梯扶手；

（3）在门触地前瞬间，提拉扶手以减缓其速度。

（二）登机门关门

（1）使用前舱乘务员控制面板上的 DOOR ASSIST CLOSE 电门，抬起塑料护盖，按压电门，操作过程中切勿松开电门按钮；

（2）握住门槽，用力向内拉门；

（3）下压内部手柄至全关位；

（4）向内拉进收起旋钮，可听到外部手柄收起声；

（5）向外按压收起旋钮，检查门锁指示，看到一个绿色的"LOCKED"锁定指示；

（6）目视检查 6 个锁片和 2 个旋转门锁处的绿色标示是否对齐。

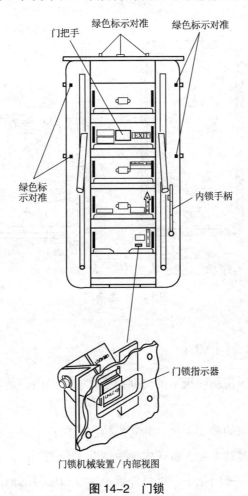

图 14-2　门锁

（三）厨房勤务门开门

（1）左手抓住舱门顶部的辅助把手，右手沿顺时针方向，将内部手柄转至"全开"位；

（2）抓住拉于厨房侧壁板上的辅助手柄，右手置于舱门边侧；

（3）向外、向前推开舱门直至锁定位。

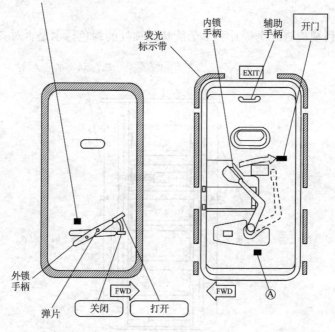

图 14-3　厨房门

（四）厨房勤务门关门

（1）左手抓住厨房侧壁板上的辅助把手，右手向内转动黑色手柄，使舱门开锁，离开机身；

（2）抓住门顶部的辅助手柄，并向内拉进舱门；

（3）右手沿逆时针方向，旋转内锁手柄至"全关"位；

（4）向内拉内部锁闩把手，可将外锁手柄收回舱门凹槽内；

（5）推手柄至收藏位；

（6）目视检查位于内锁手柄下方指示窗中的绿色对准标志；检查舱门是否锁定。

三、出口应急操作

（一）打开机门

（1）确认机门在待命状态；

（2）充分向上提起门把手然后松开；

（3）机门气动开启；

（4）充分拉出人工充气把手。

（二）打开厨房勤务门

　与正常操作相同。

（三）打开应急窗

（1）取下护盖（见下图①）；

（2）一手握住打开手柄，另一只手抓住应急窗下部的手柄（见下图②）；

（3）向下拉动手柄，将窗向内卸下（见下图③）；

（4）举起并将出口门侧倒（见下图④）；

（5）将出口门朝机翼后侧方向扔出（见下图⑤）；

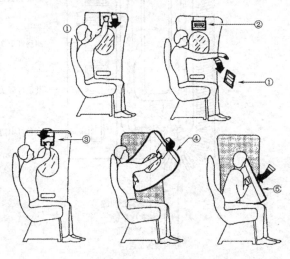

图 14-4　应急窗

（6）拉出窗边的逃离绳，将其连接在机翼上；

（7）沿机翼前边缘滑下，撤离。

任务四　熟悉乘务员控制面板

一、前乘务员控制面板

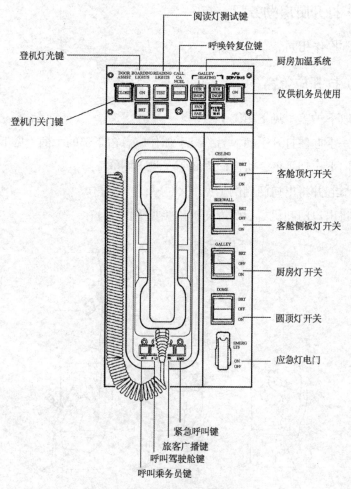

图 14-5　前乘务员控制面板

二、内话、广播系统

（1）取下手持话筒；

（2）呼叫驾驶舱：按下"FLT"键，前后乘务员面板上绿色指示灯亮，对着话筒讲话即可；

（3）呼叫乘务员：按下"ATT"键，前后乘务员面板上绿色指示灯亮，对着话筒讲话即可；

（4）广播：按"PA"键，前后乘务员面板上绿色指示灯亮，按住话机上的"PTT"键即可广播；

（5）紧急呼叫：按"EMG"键，前后乘务员面板上绿色指示灯亮；

（6）挂好手持话筒，切断内话系统。

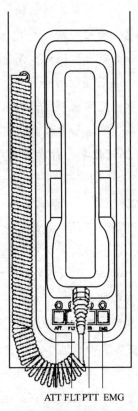

ATT FLT PTT EMG

图 14-6　话筒

🗣️ 民航安全

飞机紧急撤离时的注意事项（摘选）

1. 采取正确的跳滑梯姿势。

滑梯充气后并没有想象中那么柔软，人的手部、脸部与滑梯表面材质摩擦时极易被擦伤。从新闻及媒体图片看到 CX365 航班撤离时好几个旅客都是手部、脸部受伤，都是这个原因。另外跳滑梯姿势不对，人是倒着或者横着滑下去的，与滑梯碰撞时，头部易被撞伤，手腕、脚踝易骨折。CX365 航班撤离时，有人因身体姿态失控造成擦伤，两个老年旅客直接摔在了地上。

2. 跳滑梯时，要听从乘务员的口令一个接一个有序往下跳，千万不要推挤。

CX365 航班事发后，有乘客回忆说，机上有三个年轻人一直在起哄，撤离时不顾秩序在后面使劲推搡，三名乘客直接被推下充气滑梯。这是非常不对的行为，也是违法的行为。急于逃生的旅客不要一下子全部涌向紧急出口，这样紧急出口容易被堵死。乘务员打开舱门时，先会封住舱门几秒钟，这是因为滑梯充气需要几秒钟的时间（各机型稍有差异），乘务员要判断滑梯充气的状况。出现过乘务员刚打开门就被旅客挤下飞机的案例，乘务员会受伤，同时门区没有了乘务员的指挥，撤离速度与质量都会大打折扣。

3. 紧急撤离时不要携带任何行李，行李固然很贵重，但生命永远是最宝贵的。

从行李箱内取行李，耽误时间，行李脱落会砸伤人，脱落的行李堵塞过道，影响紧急撤离速度，这时是以"秒"为计算单位的。拎着行李逃生，行李会堵塞通道，减缓撤离速度，也易挤伤人。跳滑梯时，行李会划破滑梯，滑梯漏气，造成的伤害会更大。可惜的是，CX365 航班撤离时，虽然乘务员要求旅客不要携带行李撤离，但仍有很多旅客拿着大包小包往下跳，甚至还有旅客拎着很大的拉杆箱。陆地紧急撤离要求在 90 秒内完成，这次 CX365 航班用了 5 分钟，其中很大原因就是旅客拿行李逃生，大大影响了撤离速度，不能不说是很遗憾的事情。好在飞机险情没有进一步恶化，否则后果不堪设想。另外紧急迫降时，强大的冲击力会使行李从行李架中脱落，也会砸伤旅客。目前，超大、超重、超件行李进入客舱现象很严重，是很大的安全隐患。

4. 离开滑梯后，要迅速逃离飞机 100 米开外，不要犹豫。

飞机着火，一个最严重的后果是发生爆炸，毕竟飞机携带着几十上百吨的燃油。旅客自救很重要，在无准备的紧急撤离时，由于没时间选择援助者，这时滑梯两侧留下两个身强力壮的男性旅客帮助后滑下来的旅客快速跑离滑梯很必要，以免被后续旅客撞伤，但其余的旅客要迅速逃离飞机。同样可惜的是，CX365 航班有旅客在飞机下闲庭信步，有人不慌不忙在飞机底下玩自拍，或就在滑梯底部拍照，不但置自身安全于不顾，还挡住了后面旅客的逃生通道。

5. 逃到安全区域后，听从乘务员指挥，聚集到一起，方便乘务员清点人数，救护受伤的旅客。

不是每一次紧急撤离都会在机场区域，其他部门的救援也不是每次都能很快到达。在偏远区域的紧急撤离，就需要在机组、乘务组的组织带领下做好后续的急救、救护、防护准备，等待救援。需要注意的是，一家人不要分开，亲朋好友要聚在一起。面对危险时，亲人的鼓励与支持很重要，可以消除恐惧感和孤独感，也方便更好的自救。亲人朋友分开了，想到的总是先团聚，会到处找人，而这是很危险的。非常遗憾的是，CX365 航班撤离后，乘务员打手势在大声召唤旅客时，没人呼应，过了好久，旅客们才聚集过来。

6. 起飞前仔细阅读安全须知，观看真人或录像中的安全演示

每次航班起飞前，乘务员都会播放安全须知录像，对没有录像设备的机型，乘务员会做安全演示，目的是让旅客尽快了解乘机规定、客舱安全的基本内容，让旅客学会正确使用机上应急设备和了解应急出口的位置及逃生方法，有助于旅客在紧急情况下正确、迅速地采取有效行动。

旅客应仔细聆听，以备在发生意外时，可以采取有效的安全处置。每个座椅的背后都放有航空公司为旅客准备的安全须知手册，旅客也需仔细阅读。需要重点说一下出口座位。出口座位是指乘客从该座位可以不绕过障碍物直接到达出口的座位和乘客离出口最近的过道到出口必经的成排座位中的每个座位（窗口出口前的座位不能倾斜）。出口座位一般包括客舱第一排座位和紧急出口处的座位。舱门关闭前，客舱乘务员会对坐在应急出口座位的旅客进行确认，详细说明相关的安全注意事项、旅客须履行的职责，询问旅客意愿，并得到旅客的明确回馈。如旅客无法识别以及使用中英文沟通、或不符合出口座位的相应条件，会及时为旅客调换座位。每个出口座位前的座椅口袋内都配备有出口座位旅客须知卡，卡里对不宜在出口座位就座的情况，在出口座位就座的旅客应当具备的能力及义务做了详细的介绍。乘务员会提醒旅客阅读，并提醒旅客不能将行李放置于紧急出口处。

安全事故虽然时有发生，但只要我们提高安全意识，掌握处置方法，反应及时，处理得当，一定程度上是可以减少伤害产生的。2005 年 8 月 2 日，法航一架 A340 型客机在加拿大多伦多降落时，遭遇雷雨袭击，飞机滑出跑道，机身断裂并燃起大火。机上 309 人在两分钟内全部安全撤离，只有 24 人受了轻伤。2007 年 8 月 20 日上午，华航一架波音 737-800 型飞机在日本那霸机场落地时，发生起火爆炸，机上人员用时 94 秒全部撤离，无一人伤亡。美国哈得逊河迫降的成功堪称典范，除去飞机性能、地面快速救援外、飞行员高超的迫降技术，乘务组出色的指挥能力，以及机上旅客的密切配合都是很关键的因素。机组、乘务组人员的临危不乱、快速反应，乘客对逃生知识的掌握，良好的撤离秩序，地面有关部门迅速的应对救援措施，都是缺一不可的。

（资料来源：民航资源网 . 陈迎洪，2011-12-12.. 标题有改动 .）

学习效果检测

扫描下方二维码，检测你的学习效果。

14

学习检测

实训建议

建议开课院校在课程讲授过程中安排学生参观庞巴迪 CRJ 系列的机型，有条件的院校还可以按照教学目标中列出的操作目标安排学生进行有关的操作训练。课后学生自己查找相关资料，分析庞巴迪 CRJ 系列其他型号的客舱设备与运行管理中的操作差异和不同的注意事项。

项目十五
ARJ21 客机

项目导读

本项目主要介绍 ARJ21 客机的特点和研发历程，以及该系列两种机型的基本情况。

学习目标

知识目标：了解 ARJ21 的技术特点。

技能目标：重点掌握 ARJ21 各机型的客舱布局情况。

📄 案例导入

数据不输空客波音！厉害了我的"阿娇"！

被网友亲切称为"阿娇"的国产 ARJ21 飞机，可谓是中国制造的骄傲。自 2020 年 6 月 28 日南航接收第一架 ARJ21 飞机以来，南航携手民航中南局、中国商飞，致力于提高国产飞机"阿娇"运行的可靠性、安全性和经济性。

近日，从南航机务工程部传来好消息："阿娇"的平均日利用率不仅突破了 7 小时大关，其各项运行指标均表现卓越，毫不逊色波音和空客流行机型！

南航机务系统从工程管理、可靠性分析、现场运行、航材保障等各方面全力抓好"阿娇"的运行保障工作，在保证飞机安全运行的条件下，稳步提高平均日利用率。

根据 8 月份出台的最新统计报告，7 月 18 日至 24 日期间，南航投入全部 3 架"阿娇"执行广州—揭阳、广州—南阳、广州—义乌、广州—梅州、广州—湛江共 5 条来回程航线。在此段时间内，"阿娇"各项运行指数趋势向好，共完成飞行 88 班，使用困难报告万时率 0，出勤故障率 0，放行可靠度 100%，平均日利用率已达 7.94 小时，首次成功突破 7 小时大关。如果没有 7 月底全国疫情反弹原因，"阿娇"平均日利用率将肯定突破 8 小时。

此外，南航还致力于将"阿娇"打造成国产民机"智造"品牌。南航机务系统也积极着力尝试将 AR 等先进技术实施到国产飞机的航线维修上。

当飞机航线运行发生故障时，现场维修人员对无法判断原因的故障，可使用 AR 技术将飞机故障实景传输到技术支援中心。技术支援人员根据故障实景制定排故方案，将排故方案和手册资料实时传给现场维修人员，并远程指导排故。

新的维修技术助力中国民航打造国产民机维修技术超越西方国家先进技术的"超车道"，进一步降低维修成本。

除此之外，为进一步降低国产飞机运行成本，提高安全可靠性，南航机务系统还启动探索国产飞机无过站运行方式，在外站实施无短停维修措施，取消冗余维修项目，完善飞行机组过站检查项目。

预计到 2024 年，南航 ARJ21 机队规模将达到 35 架。南航始终致力于优化完善国产商用飞机的可靠性、经济性，助力"阿娇"霸气翱翔天际。

（资料来源：《南方航空报》. 辛绍平，陈振强，2021-08-20.）

讨论：借助网络查询国内各主要航空公司在飞的 ARJ21 机型飞机的情况，看哪个航空公司数量最多？

ARJ21 翔凤客机，科研代号 ARJ21（全称为 "Advanced Regional Jet for the 21st Century"，即 "21 世纪新一代支线喷气机"），是由中国商用飞机有限责任公司研制的新型涡扇支线飞机，也为中国第一次完全自主设计并制造的支线飞机。"翔凤"一名通过公开征集而得。

ARJ21 民用客机采用"异地设计、异地制造"的全新运作机制和管理模式。机体各部分分别在国内四家飞机制造厂生产。ARJ21 项目研制采用国际通用的"主制造商－供应商"模式，引进了大量国际成熟先进技术和机载系统，发动机、航电、电源等系统全部通过竞标在全球范围内采购，选用了 GE 通用电气公司的 CF34-10A 支线喷气发动机、洛克韦尔柯林斯公司（Rockwell Collins）的航电系统和霍尼韦尔公司（Honeywell）的主飞行控制系统。此外还有许多系统零部件、产品在中国生产制造。

ARJ21 飞机是 70~90 座级的中、短航程涡扇发动机新支线飞机，拥有基本型、加长型、货机和公务机四种容量不同的机型。

任务一 了解 ARJ21 的技术特点和研发历程

一、ARJ21 的技术特点

1.适应性

我国西部地区具有机场条件相对简陋、航线上障碍物多、高原高温的使用环境较普遍等特点。这些特点既要求飞机有过硬的起飞和爬升性能，在不减载的情况下能在较短距离内起落，又要保证飞机能在较为恶劣的气候环境中运营，并对飞机的单发升限等性能提出了很高的要求。

ARJ21 飞机的设计以未来西部交通枢纽格尔木机场和旅游热点九寨黄龙机场为临界条件，并用西部地区所有运营航线严格验证飞机的航线适应性，以保证在实现经济效益的条件下满足西部的复杂地形和高原高温特殊使用环境的要求。

ARJ21 是世界上第一架完全按照中国自己的自然环境来建立设计标准的飞机，在西部航线和机场适应性上具有很强的优势。

2.舒适性

ARJ21 拥有同类支线飞机中最宽敞的客舱，宽度达到 123.7 英寸（3.14米），采用公务舱排距 38 英寸、经济舱排距 32 英寸的宽松布置。而在客舱的内装饰和服务设备方面，综合考虑线条、颜色、图案、照明和实用等因素，边座/侧壁大间距、宽过道、高天花板和低噪声的客舱布置，以及符合工程心理学原理的细节设计、前卫宜人的美学设计更保证乘客获得最大限度的舒适感。舒适程度比一般

图 15-1 ARJ21 客舱

支线飞机要高，这意味着乘客乘坐 ARJ21 从中小城市前往枢纽城市，再转大飞机时，感受是完全相同的。基本型和加长型分别拥有 17.7 立方米和 20.9 立方米的下货舱，货舱高度接近 1 米。人均 0.06 平方米至 0.07 平方米的行李舱位，相当于 150 座干线飞机标准。

图 15-2　主客舱侧壁板

图 15-3　客舱旅客服务装置

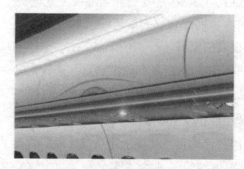

图 15-4　行李箱效果图

图 15-5　防劫机门及部件

3. 经济性

经济性是商用飞机市场成败的关键因素。故而在 ARJ21 飞机设计之初就对其经济性格外关注，对全寿命成本（LCC）进行严格控制。多专业综合优化设计的超临界机翼、低油耗涡扇发动机的采用，提高了商载和航程能力，降低了飞机的直接使用成本；采用长寿命结构设计，提高飞机的可靠性、维修性，从而减少维护费用，降低全寿命成本；运用以 IT 技术为代表的先进研发手段及与国际接轨的生产管理和质保体系，在很大程度上降低了 ARJ21 飞机的研制和生产成本。ARJ21 还采用超临界机翼和一体化设计的翼梢小翼以获得较高的巡航升阻比，从而降低巡航阻力，达到了和大型飞机相同的速度。增升装置使 ARJ21 飞机具备优异的低速性能；应用超临界翼型使机翼的相对厚度增大，从而减轻机翼结构重量和加大机翼油箱容量。

4. 共通性

ARJ21 飞机的设计注重与 150 座级干线飞机保持最大限度的共通性。不仅体现在相近的飞行性能、同等的客舱舒适性上，在驾驶舱人机界面、维护人机界面和相应操作程序方面尤为突出，从而降低航空公司飞行员换装培训成本，提高飞机调配使用的灵活性。

图 15-6　ARJ21 驾驶舱

在驾驶舱人机界面、维护人机界面和相应操作程序方面尽量保持共通性，采用两人体制，航电系统采用总线技术、LCD 平板显示并综合化。驾驶舱飞行控制系统为电信号控制、液压或机电作动的电飞行控制系统，减轻了飞行机组的工作负荷。

二、ARJ21 的研发历程

2000 年 11 月，国防科工委在珠海航展期间发布《中国民用飞机发展报告》，宣布中国将按照国际适航标准研制具有自主知识产权的新型涡扇支线飞机，组建按市场规则运作的新支线飞机项目公司——中航商飞公司，负责研制和发展中国新型涡扇支线飞机。

2002 年 4 月，经国务院批准，中国新型涡扇支线飞机项目正式立项。同年 10 月，中航商飞公司正式注册成立以负责运作 ARJ21 项目。

2002 年 11 月，中航商飞公司与美国通用电气航空发动机公司在珠海签订合作意向书，选择 CF34-10A 涡扇发动机作为 ARJ21 支线客机的动力装置。

2003 年 6 月，西安飞机设计研究所与上海飞机设计研究所合并，整合组建第一飞机设计研究院，负责 ARJ21 飞机的研制工作。同年 9 月，ARJ21 飞机首次型号合格审查委员会会议在上海召开。

2003 年 11 月，国防科工委在上海主持召开《新支线飞机项目预发展阶段评审会》，ARJ21 飞机项目基本完成预发展阶段研制任务，转入工程发展阶段。

2005 年 11 月，中国民航总局成立 ARJ21-700 飞机型号合格审定领导小组。同年 12 月底，上海飞机设计研究所（640 所）完成全部飞机结构图纸的发放。次年 1 月，完成全部飞机系统图纸的发放。

2006 年 5 月，国防科工委组织召开"新支线飞机项目由详细设计阶段转入全面试制阶段审查会议"，同意 ARJ21 飞机项目转入全面试制阶段。同年 7 月，中国民航总局在上海成立 ARJ21-700 飞机型号合格审定审查组现场办公室。

2006 年 9 月，ARJ21 飞机首架前机身部件在中国一航西安飞机工业公司交付。当月，机翼加工最难点——13 米长的机翼整体壁板的铆接和装配工作顺利完成。

2006 年 10 月，中航商用飞机有限公司与上海电气租赁公司签订 30 架 ARJ21-700 支线客机的意向订购合同，使得 ARJ21 飞机的订货总数量达到 71 架。次月，ARJ21 飞机航空电子系统综合试验在上海启动并获圆满成功，首架 ARJ21 飞机发动机吊挂则在沈阳飞机工业公司提前顺利交付。

2006 年 12 月，中国一航商飞公司与法国 SAGEM 公司签订驾驶舱控制系统合作协议，至此，ARJ21 飞机已经选定 19 家国际知名系统供应商。当月 20 日，ARJ21 的机头在成都正式交货，ARJ21 飞机客户支持中心也实现结构封顶。

2007 年 3 月，首架 ARJ21 飞机机翼翼盒和中机身、飞机尾段先后在西安飞机工业公司、沈阳飞机工业公司交付。当月底，飞机总装、试验全面启动，首架试飞机在上海飞机制造厂总装正式开铆。5 月，ARJ21 飞机首架雷达罩在中国一航济南特种结构研究所交付。

2007 年 6 月，ARJ21 飞机首架试飞机在上海飞机制造厂正式进入全机对接阶段。9 月，ARJ21 飞机静力试验机完成总装。12 月 20 日，ARJ21 飞机首架试飞机按计划如期完成总装。

2007 年 12 月 21 日，首架 ARJ21-700 飞机在上海飞机制造厂总装下线。

2008 年 8 月，ARJ21-700 进入试飞站，全面进行系统地面综合试验、全机结构地面试验和验证试飞。

2008 年 11 月 4 日，在珠海航展上中国商飞公司与美国通用电气商务航空服务公司签署一份订购 25 架 ARJ21-700（其中 5 架确认订单，20 架意向订单）

的购机协议。ARJ21 支线飞机在其首飞之前即已获得国内外订单（含意向订单）206 架。

2008 年 11 月 28 日，首架 ARJ21-700（101 架）在上海大场机场首飞，飞行 62 分钟后降落，首飞成功。

2008 年中国商用飞机有限责任公司成立后，该项目的控制权由中航商用飞机有限公司转至中国商用飞机有限责任公司。

2009 年 7 月 1 日，第二架 ARJ21-700（102 架机）在上海大场机场首飞，飞行 62 分钟后降落，取得成功。

2009 年 7 月 15 日，首架 ARJ21-700（101 架机）首次跨省市飞行，经过两个多小时 1 300 公里的长途飞行从上海飞抵西安阎良中国飞行试验研究院，开始进行科研试飞和适航取证试飞。

2009 年 9 月 12 日，第三架 ARJ21-700（103 架机）在上海成功首飞，共飞行 56 分钟。

2014 年 12 月 30 日，取得中国民用航空局型号合格证。

2016 年 6 月 28 日，成都航空公司航班号为 EU6679 的 ARJ21-700 飞机搭载 70 名乘客从成都飞往上海，完成首次商业航线。

2016 年 12 月 7 日，ARJ21-700 飞机获得了刚果（布）颁发的型号接受证，是 ARJ21 首个国外适航当局颁发的型号接受证。

2017 年 2 月 8 日，ARJ21-700 飞机全球首次 C 检完工交付仪式在山东太古飞机工程有限责任公司举行，这标志着首架交付成都航空的 ARJ21-700 飞机的首次 C 检工作正式结束。这也是我国国产喷气飞机的第一次 C 检。

任务二　了解 ARJ21-700 客机

一、ARJ21-700 机型简介

ARJ21-700 是 ARJ21 系列的基本型，其混合级布局 78 座、全经济级布局 90 座，由发展成熟的 CF34-10A 发动机提供动力。ARJ21-700 具有标准航程

型（STD）和增大航程型（ER）两种构型：标准航程型的满客航程为 2225 km（1200 nm），主要用于满足从中心城市向周边中小城市辐射型航线的使用要求；增大航程型的满客航程为 3700 km（2000 nm），能满足"点对点"瘦长航线的使用要求。

二、ARJ21-700 三视图

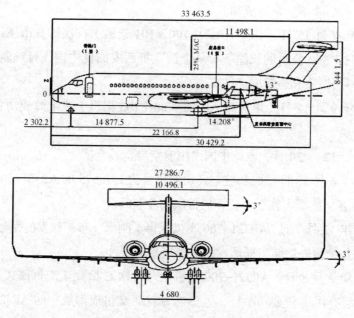

图 15-7　ARJ21-700 三视图

三、ARJ21-700 客舱布置

ARJ21 系列飞机客舱内部设施的布置采用模块化设计，通过客舱前后不同模块的组合，可灵活多变地满足不同航空公司对不同航线和不同乘客群体的营运要求，最大限度地利用客舱内部空间，并为旅客营造一个宽敞舒适的旅行环境。

客座数、排距、行李箱的布置，以及前后服务舱的厨房、盥洗室、储藏室和衣帽间的数量、规格和位置等均可按客户的要求进行合理配置，并提供娱乐设施、服务员座椅等设备的选装。

以下为混合级和全经济级的两种基本布置。

图 15-8　ARJ21-700 混合级（78 座）客舱布局图

图 15-9　ARJ21-700 全经济级（90 座）客舱布局图

双圆截面机身的采用，不仅使 ARJ21-700 在通道和座椅宽度、客舱高度及行李箱容积方面更具优势，达到了与干线飞机同等的客舱舒适性，而且增大了下货舱的高度和容积。

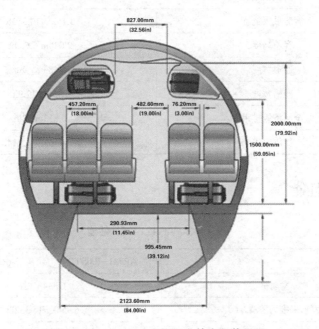

图 15-10　ARJ21 客机机身等直段截面图

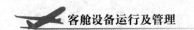

四、ARJ21-700 基本数据

（一）尺寸

表 15-1　ARJ21-700 尺寸

翼展	27.288m/89.528ft
机翼面积	79.86m^2/859.61ft^2
机翼后掠角（1/4 弦）	25°
全机长	33.464m/109.790ft
全机高	8.442m/27.697ft
水平安定面展长	10.496m/34.436ft
主轮距	4.680m/15.354ft
前主轮距	14.878m/48.812ft
客舱最大宽度	3.143m/10.312ft
客舱高度	2.030m/6.660ft
通道宽度	0.483m/19in
座椅宽度	0.455m/17.9in
全经济级排距	0.813m/32in
货舱容积	20.145m^3/711.414ft^3

（二）性能

表 15-2　ARJ21-700 性能

	ARJ21-700STD	ARJ21-700ER
发动机	CF34-10A	
发动机推力（SLST）	6 954kg/15 332lb	
最大使用速度	330KCAS/0.82	
最大使用高度	11 900m/39 042ft	

续表

单发失效升限（500nm TOW，ISA+10℃，1.1%爬升梯度，1.3g 抖振裕量，防冰系统关闭）	6 200m/20 341ft	
起飞场长（SL，ISA，MTOW）	1 700m/5 577ft	1 900m/6 234ft
着陆场长（SL，ISA，MLW）	1 550m/5 085ft	1 650m/5 413ft
满客航程	2 225km/1 200nm	3 700km/2 000nm
全经济级客座数	90	

（三）重量

表 15-3　ARJ21-700 重量

	ARJ21-700STD	ARJ21-700ER
最大滑跑重量	40 589kg/89 483lb	43 589kg/96 097lb
最大起飞重量	40 500kg/89 287lb	43 500kg/95 901lb
最大着陆重量	37 665kg/83 037lb	40 455kg/89 188lb
最大零油重量	33 890kg/74 715lb	
最大燃油重量	10 386kg/22 897lb	
使用空机重量	24 955kg/55 016lb	
最大商务载量	8 935kg/19 698lb	

任务三　认识 ARJ21-900 客机

一、ARJ21-900 机型简介

ARJ21-900 是 ARJ21 系列的加长型，其混合级布局 98 座、全经济级布局 105 座，由发展成熟的 CF34-10A 发动机提供动力。ARJ21-900 具有标准航程型（STD）和增大航程型（ER）两种构型：标准航程型的满客航程为 2225 km（1200 nm），主要用于满足从中心城市向周边中小城市辐射型航线的使用要求；

增大航程型的满客航程为 3334 km（1800 nm），能满足"点对点"瘦长航线的
使用要求。

二、ARJ21-900 三视图

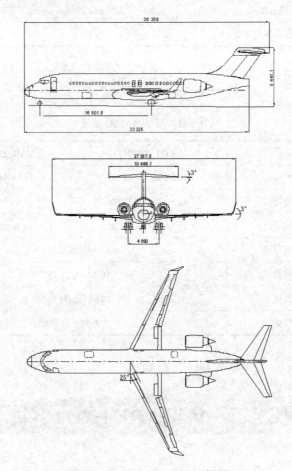

图 15-11　ARJ21-900 三视图

三、ARJ21-900 客舱布置

以下为混合级（98座）和全经济级（105座）的两种基本布置。

图 15-12 ARJ21-900 混合级客舱布局图

图 15-13 ARJ21-900 全经济级客舱布局图

四、ARJ21-900 基本数据

（一）尺寸

表 15-4 ARJ21-900 尺寸

翼展	27.288m/89.528ft
机翼面积	79.86m^2/859.61ft^2
机翼后掠角（1/4 弦）	25°
全机长	36.359m/119.288ft
全机高	8.441m/27.694ft
水平安定面展长	10.496m/34.436ft
主轮距	4.680m/15.354ft
前主轮距	16.802m/55.125ft
客舱最大宽度	3.143m/10.312ft
客舱高度	2.030m/6.660ft
通道宽度	0.483m/19in
座椅宽度	0.455m/17.9in
全经济级排距	0.813m/32in
货舱容积	23.431m^3/827.458ft^3

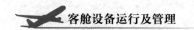

（二）性能

表 15-5　ARJ21-900 性能

	ARJ21-900STD	ARJ21-900ER
发动机	CF34-10A	
发动机推力（SLST）	7 737kg/17 057lb	
最大使用速度	330KCAS/0.82	
最大使用高度	11 900m/39 042ft	
单发失效升限（500nm TOW，ISA+10℃，1.1%爬升梯度，1.3g 抖振裕量，防冰系统关闭）	6 200m/20 341ft	
起飞场长（SL，ISA，MTOW）	1 750m/5 741ft	1 950m/6 398ft
着陆场长（SL，ISA，MLW）	1 600m/5 249ft	1 700m/5 577ft
满客航程	2 225km/1 200nm	3 334km/1 800nm
全经济级客座数	105	

（三）重量

表 15-6　ARJ21-900 重量

	ARJ21-900STD	ARJ21-900ER
最大滑跑重量	43 706kg/96 355lb	47 272kg/104 217lb
最大起飞重量	43 616kg/96 157lb	47 182kg/104 018lb
最大着陆重量	40 563kg/89 426lb	43 879kg/96 737lb
最大零油重量	37 516kg/82 709lb	38 016kg/83 811lb
最大燃油重量	10 386kg/22 897lb	10 886kg/23 999lb
使用空机重量	26 270kg/57 915lb	26 770kg/59 018lb
最大商务载量	11 246kg/24 793lb	

五、市场前景

从世界范围看，航空运输呈不断增长的趋势，导致航线和机场拥挤问题日益突出，由于新建或扩建机场都受到用地紧张、保护环境等因素的限制，使支线飞机研制出现大型化的趋势。随着国内支线航空运输的发展，航空公司出于对客源增长、运营经济性及调度灵活性的考虑，也形成了对 100 座级支线飞机的市场需求。ARJ21-900 作为 150 座级主力干线飞机和小型支线飞机之间的衔接机种，其市场前景看好。

任务四　了解 ARJ21 机上设备

一、盥洗室数量及安装位置

ARJ21 飞机客舱内布置 2 个盥洗室，1 个安装在左侧登机门的后边、1 个安装在旅客舱后部右侧。盥洗室为整体组合件，结构采取密封措施，防止污物泄漏对机体结构的腐蚀。盥洗室的门为两扇折叠向里开，盥洗室内安装供乘客使用的全部设备，在前盥洗室内还应安装婴儿托架。

ARJ21 飞机可选装 3 个盥洗室，将旅客舱后部左侧的储藏室改装成盥洗室。

图 15-14　前盥洗室效果

图 15-15　后盥洗室效果图

二、厨房柜数量及安装位置

1 号和 2 号两个厨房柜分别安装在客舱右侧服务门的前后，厨房柜均为整体组合件。1 号厨房柜内配有一个咖啡器、一个水加热器、一个热杯、一个废物箱、两个冰块容器、两个半尺寸的食品车；两号厨房柜内配有两个电烤箱、一辆全尺寸的食品车、一辆全尺寸的饮料车和一辆全尺寸的废物车、一个废物箱以及若干食品箱等设备。2 号厨房柜设备还包括一个可收起的工作台。

图 15-16　厨房效果图

厨房内的插件设备采用模块化设计，具有快速选装的能力，可适应用户不同航线和飞机时段的需求。

厨房供电为总负荷 23 000 瓦的 115/200 伏三相交流电源，其中 1 号厨房柜最大使用功率为 10 000 瓦，2 号厨房柜最大使用功率为 13 800 瓦。在驾驶舱顶部板上装有一个厨房电源通—断开关。厨房可选装带真空厨房废物处理装置的水槽。

三、氧气系统

氧气系统的功用是确保在飞行中飞机机身失压紧急情况下为机上人员提供呼吸用氧气。另外，该系统还可为个别旅客提供医疗急救用氧，在除烟和灭火时可提供防护用氧。飞机氧气系统由空勤氧气系统、旅客和服务员氧气系统、便携式氧气系统组成。

（一）空勤氧气系统

空勤氧气系统是气态氧系统。在高空飞行座舱失密情况下，空勤氧气系统可以为空勤人员（包括正副驾驶员和观察员）提供足够的氧气以维持正常飞行和保证空勤人员生命安全。假设飞机下降剖面如下：

1.0 分钟——维持在 39 000 英尺

4.0 分钟——下降到 18 000 英尺

7.0 分钟——保持在 18 000 英尺

3.0 分钟——下降到 10 000 英尺

则空勤氧气系统需满足以下两点：

（1）如上面所描述的紧急下降阶段，在正常的干燥的温度和压力下，要保证每个机组人员有 300 升的保护呼吸氧；

（2）空勤氧气系统要能够防止烟和有害气体的吸入，避免或减少对人体造成伤害。

（二）旅客氧气系统

旅客氧气系统的储氧量应能在座舱失压紧急下降期间为旅客和服务员提供充足的氧气。旅客氧气系统采用化学氧气系统。在每排旅客座椅上方行李箱架的旅客服务装置内，盥洗室及服务员座位上方均装有组合式化学产氧器组件。

在座舱失密，座舱高度超过一定值时组件内氧气面罩自动掉下，拉动面罩后化学氧气发生器向面罩供氧，维持舱内人员生命需要。旅客氧气系统由包括氧气发生器、氧气面罩和软管的氧气发生和分配装置及面罩抛放电器控制线路组成。

当座舱泄压，座舱高度达到 4 200km（14 000ft）时，旅客氧气系统将自动地给旅客、乘务员供氧。如自动工作系统发生故障，可使用手动超控面罩抛放系统工作。

（三）便携式氧气系统

便携式氧气装置供空勤和乘务员应急时移动使用，同时也可用于紧急救护。它由便携式瓶和氧气面罩组成。

驾驶舱内装有一套防护型便携式氧气。旅客舱内装有 3~4 套急救型便携式氧气。

四、生命保障（ATA25）系统

（一）应急撤离通道

机组人员可通过设在驾驶舱内可打开的观察窗撤离飞机，其余机上人员可通过登机、厨房服务门和机翼上部应急出口撤离飞机。

（二）应急设备

ARJ21 飞机基本型按陆上撤离应急设备要求配置所需的应急撤离滑梯、救生衣、救生绳、急救设备、应急斧、喇叭和手电筒。

该系列加长型、运货型和公务机型等按水上迫降要求配置所需的救生筏。

1. 撤离滑梯

前登机门内壁下方和厨房服务门内壁下方分别安装一个可充气撤离滑梯。滑梯是自照明的并自动充气的。每个滑梯有一个系杆，并在门上提供了快卸装置。

2. 救生绳

在驾驶舱内两个可打开的观察窗上方各安装一根救生绳。

在旅客舱内左、右应急出口上方的行李箱里各安装一根救生绳。

3. 两套急救设备

一套在左侧第一个行李箱内的手提式氧气瓶后面，一套在左侧后端行李箱内。

4. 手电筒

共安装四个，两个安装在驾驶舱内，服务员座位处各安装一个。

5. 手提式喇叭

两个喇叭与急救设备一起安装在前后行李箱内。

6. 应急斧

驾驶舱内安装有一把应急斧。

7. 救生衣

ARJ21 飞机设置救生衣，救生衣应满足 FAA-TSO-C13f 的要求。

在正驾驶员座椅、副驾驶员座椅和观察员座椅处装有救生衣；在服务员座椅下装有救生衣；在每个旅客座椅下的存放袋内装有救生衣；在旅客舱后部储藏间内应存放 4 件儿童、1 件婴儿救生衣。

8. 救生筏

申请水上迫降的飞机可选装救生筏，救生筏应满足 FAA-TSO-C70a 的要求。基本型配置 3 具 30 人型救生筏。

🗣️ 职场故事

首批乘务员与国产飞机"阿娇"之间的故事

2020 年 6 月，来自东航、上航和原东方公务航空的 14 名资深乘务员加入一二三航空，他们已经接受了为期两周的理论培训，并均以高分通过理论考核，随后又赴中国商飞公司开展相应机型的实操训练，后续通过年度复训、带飞、资质恢复等过程后，将正式转型成为国产飞机 ARJ21-700 机型的乘务员。

在培训间隙，我们的三名乘务员接受了东航新闻中心的采访，他们分别是来自原东航客舱部的浦晓莺、原上航客舱部的刘文、原东方公务航空的王抒薇。让我们一起来听他们讲述与 ARJ21-700 机型——也就是被他们亲切称呼为"阿娇"的国产飞机之间的故事吧。

浦晓莺

作为上航第二批大学生乘务员，先后在上航、东航参与飞行，迄今已有 17 年的飞行经验，在加入一二三航空前，她是东航客舱部乘务五部分部高级经理。

我很荣幸可以在这样一个时机加入运营国产飞机的一二三航空。此前我已经工作了 17 年，辗转过很多乘务管理岗位，做过业务、带过队伍，在十几年的时间里慢慢获得了积累与沉淀。作为一名中国人，特别是一个民航人，我的心里一直有一个梦，希望有一天能够在中国自己制造的飞机上为旅客提供客舱服务。现在，我已经成为一二三航空的第一批国产飞机乘务员，与其他乘务员一样，我们都有一个非常明确和统一的目标：认真完成培训，全力做好准备，为我们的"阿娇"顺利飞上蓝天做出贡献。

刘文

2008 年加入上航成为一名乘务员，2013 年成为一名上航乘务长，2015 年成为上航乘务兼职教员，迄今为止，在乘务岗位上工作了 12 年。

我对国产飞机一直抱有很浓厚的兴趣，很想有机会能够亲自飞。当看到一二三航空的招聘信息后，我毫不犹豫地第一时间报了名。我觉得身为民航人，能够参与国产飞机的飞行任务，能为国产飞机飞向蓝天做出一点点贡献，这对自己来说是一种荣誉，家人听说后也都非常支持。转机型的培训过程中，我们所有人都非常努力、非常认真，尽可能地把这个 ARJ21-700 机型吃透，了解得更加全面，争取为后续可能加入一二三航空的乘务员们打下一个良好的基础，为大家积累一些实用的经验。

王抒薇

1997 年进入东航，成为一名乘务员。2011 年，转型为原东方公务航空的首批乘务员。至今已经参加工作 20 余年，具有丰富的乘务飞行经验。

我在 1997 年便加入了东航客舱部，成为一名乘务员。2011 年成为原东方公务航空的第一批乘务员。如今，很荣幸同其他乘务员一道加入一二三航空，成为其运营国产飞机的首批乘务员。真正进行机型实操培训之后，我发现这款国产飞机机型同以前我飞过的任何一款波音、空客或者公务机机型都有所不同，它有着一些体现中国特色的元素，客舱装饰的选配也达到了国际一流的水平，而且一些机上设计，特别是对于乘务员的一些操作设计更加注重安全性。虽然目前一二三航空引进的机型只有 ARJ21-700，但我觉得这个舞台未来发展潜力还很大，希望未来有越来越多的国产飞机翱翔蓝天，真正实现民航强国梦。

实操培训体验

ARJ21-700 机型特点感受如下：

·座椅空间更舒适：座椅空间更加宽敞舒适。与市场同航线的其他机型相比，座椅舒适度更高，前后间距较大，前座椅倾斜放倒后，座椅下端会自动前移，保证了后座乘客依然拥有较为宽敞的乘坐空间。

·客舱更宽敞：客舱布局采用 2-3 布局，中间过道较为宽敞，餐车推过依然有富余空间，不会造成过道堵塞。

·飞机安全性更可靠：飞机安全性能得到千锤百炼的验证，客舱门、滑梯包等设计可以规避误操作风险。

（资料来源：一二三航空微信公众号 .2020-06-27.标题有改动 .）

学习效果检测 ----------------------------------

　　扫描下方二维码，检测你的学习效果。

15

学习检测

下 篇

客舱服务

项目十六
客舱服务

项目导读

本项目主要介绍乘务员在客舱服务过程中各环节的工作要求。为提供高质量的旅客服务，确保旅客、机组安全，乘务员工作标准主要包括：飞行安全、客舱服务、乘务组工作和乘务员形象。

在上述各环节，精益求精是提供优质服务的基础，这种优质服务，是航空公司的标志。此外，这些标准也是乘务工作的指导方针。

要注意的是这些工作标准不是包罗万象的；相反，它只是提供工作要求的指导。除这些标准以外，了解和遵守所有民航的规定和指导，是乘务员的职责。

学习目标

掌握乘务员及乘务长的主要工作要求、客舱服务的主要环节、乘务组的内部工作内容、乘务员形象及资质要求。

📄 案例导入

西藏航空客舱检查员刚柔并济绽芳华（摘选）

按照班次计划，西藏航空乘务长、客舱检查员王艺媛又要在飞行中度过一个"三八"国际妇女节。16年的从业生涯，让王艺媛从懵懂的青春少女到干练的职业女性，从青涩的乘务员到主任乘务长、客舱检查员，王艺媛手持客舱服务的标尺，丈量着藏航乘务服务的标准，也丈量着自己职业生涯的高度。

做客舱服务的"有心人"

"把业务做精,让旅客满意"是王艺媛从业16年来始终不变的追求。

在飞行服务过程中,王艺媛一刻都不肯闲:看见老人、儿童、病人上飞机,她时不时就要去问对方"是否需要帮助";遇见睡觉的旅客,她会在座位上贴上便条,告知旅客详细的目的地信息,"用心"服务使她长期保持优质的客舱服务水平,多次受到公司、部门表彰和奖励。由于经常往返于拉萨和内地之间,王艺媛经常遇到拉萨出港的担架旅客,尽管在起飞前地服和机务工作人员会主要负责担架旅客的位置固定、上下机衔接工作,但是王艺媛总会和乘务组其他成员一道在一旁协助,确保在任何需要乘务员的环节及时提供帮助,让旅客感受到藏航乘务员的用心服务。

作为一名有着娴熟业务技能和丰富工作经验的乘务长,她总能游刃有余地处理好航班上出现的特殊情况。在一次三亚-成都飞行任务中,飞机已经开始落地滑行。一位处在乘务员视线盲区的老年人突然打开了行李架,掉落的物品砸到一旁的女性乘客。双方争执之中,这位女乘客开始高声责骂乘务员,乘务员一时不知所措。王艺媛闻声赶到后,按照规定流程快速处置,以亲和友善的态度处理好双方争执,安抚旅客情绪,陪同检查确保她身体无恙。事后,她不忘及时问候那名女性旅客,给旅客留下了藏航乘务员认真负责、用心服务的良好印象。

2021年年底,客舱部乘务三分部一队设立班组,王艺媛担任"和顺同心"班组长。"和顺同心,友爱笃行"——如同她们的班组口号,王艺媛以身作则、言传身教,用行动勉励大家做客舱服务的"有心人"。

（资料来源:民航资源网.赵楠婷,2022-03-09.标题有改动.）

讨论:客舱乘务员如何更好地践行真情服务?

任务一 全程关注飞行安全

一、全程需要做到的工作

乘务员应始终备有"客舱乘务员手册"、迫降时客舱准备简令纸、演示用设备、必要的应急设备，以便于随时使用。在飞行过程中，遵守中国民航法规。在飞行前的 8 小时及全程飞行中不得饮用含酒精类饮料。随时注意飞机内部情况。飞机在地面加油时，如出现异常烟雾或浓烈的油味，立即通知机组和地面人员。允许佩戴登机证件的检查官员随意出入飞机。飞机在地面工作和滑行时，确保乘务员均匀分布在客舱各部位和位于可使用的机门附近。按要求广播规定的广播词。

乘务长还要做到确保客舱广播的质量，确保机组人员有足够的饮料，避免缺水。

二、登机前

登机前乘务员要确认飞机廊桥、客梯车是否处于安全状态。根据要求参加机组准备会。在可封闭空间内，存放好乘务员行李、工作包。按规定完成飞行前设备检查。全部准备工作必须在旅客登机前 30 分钟完成（检查设备的有效性、可操作性并易于接近）。清舱工作完成后报告（主任）乘务长。

乘务长还要参加机组准备会，向乘务组传达有关来自飞行机组的信息。确保飞行前对设备的检查（有效、可操作）。向地面机务或机组通报"CLB"（客舱维护记录本 CABIN LOG BOOK）的异常情况。清舱工作完成后，报告机长，经机长同意后方可上客。旅客在机上，飞机在加油时确保乘务员均匀分布在客舱各部位，利用广播系统提醒旅客禁烟和禁用手机。

三、登机时

乘务员要确认旅客登机时自己的站位。注意旅客登机情况，手提行李及行李摆放，载重限制。关好行李架，并锁定。如手提行李过大过重，通知地面工作人员进行处理。

登机时，（主任）乘务长还要做到站在登机口迎客，与地面工作人员和驾驶舱保持联系，随时处理在登机时出现的问题。

四、飞机推出前

乘务员确认旅客登机数与舱单上的旅客数相符。确认出口座位旅客，根据需要简单向旅客介绍出口位置、操作方法及规定，提醒旅客阅读出口座位须知卡和安全须知卡，并报告（主任）乘务长。确认所有手提行李合理存放，行李架关好，并报告（主任）乘务长，确认出口畅通，确认旅客系好安全带，收直椅背、小桌板、脚蹬，打开遮阳板，固定好门帘。飞机滑行前，存放好所有服务用具、供餐物品，包括所有的餐车在固定位锁定，扣好餐车固定搭扣。在关门前，要收藏好门上的安全保护带。客梯、登机桥脱离飞机后，关门，将滑梯待命（预位），互相检查，报告（主任）乘务长"OK"。飞机推出前，乘务员确认旅客均按规定坐好，空座位上的安全带已扣上。

乘务长还要做到：报告机长机上一切准备就绪，旅客人数及有关文件到齐，请求关门，得到机长允许后方可关门。呼叫全体乘务员，要求做好机门的起飞前准备，并发出"滑梯待命（预位），相互检查"的命令。收到各号位的"已待命（预位）"汇报后，报告机长，再次确认"待命（预位）"状况。对全客舱进行检查，确认安全到位。

五、飞机滑出

在飞行关键阶段，不准打扰机组，但如感到有异常状况，仍需及时通报机长。在每个航段之前，及时做好安全简介或播放安全简介录像，如需要，对旅客个别简介，包括那些视野受限制的座位上的旅客。

乘务长还要检查确认已及时地做好了安全简介或播放了安全简介录像。

六、起飞前

完成客舱安全检查，收回杯子，检查安全带、座椅靠背、小桌板、遮阳板、行李架，存放好屏幕，确认厕所内无人，关闭厕所门并上锁。

起飞前固定好厨房用品，检查锁定装置和刹车装置，并固定乘务员座位附近的装置。关闭除照明以外的所有厨房电源。

调节客舱灯光，换上机上用鞋，除执行有关的安全工作外，坐在指定的位置，系紧安全带、肩带，在整个滑行、起飞阶段，保持坐姿。

乘务长还要在客舱完成起飞前各项准备工作后，及时向机长报告（建议进入驾驶舱报告）。在前部的位置坐好，准备起飞。

注：飞行机组发出准备起飞的时机是飞机进入跑道或起飞滑跑前至少 1 分钟，发出的方式是用 PA 系统或两下钟鸣声。

七、飞行中

当安全带信号灯亮后，广播通知旅客系紧安全带或进行客舱安全检查。定时检查客舱，包括出口、厨房及厕所的安全状况。要始终保持客舱内有乘务员。餐车在客舱内应始终有人看管，不使用时，确保餐车在收藏锁定状态。

八、着陆前

完成客舱安全检查（如，收回杯子，系紧安全带，检查座椅靠背，存放好小桌板，收好屏幕及耳机），确保厕所内无人，关闭厕所门并上锁。着陆前固定好厨房设备，关闭厨房电源，检查锁定装置和刹车装置。合理处理好废弃物，固定乘务员座椅周围的装置。着陆前/到达前，如有旅客未按规定坐好，并对乘务员的提醒不予理睬的，应通知机长。当飞机下降到低于 10 000 英尺（3 000 米）时，遵守"飞行关键阶段"的原则，但如感到有异常状况，仍须及时通报机长。调节客舱灯光。除执行有关的安全工作外，坐在指定的位置，系好安全带、肩带，在整个下降、滑行阶段，保持坐姿。

注：飞行机组发出准备着陆通知的时机是在着陆前至少 3 分钟，发出的方式是用 PA 系统或二下钟鸣声。

乘务长还要在确认客舱已做好着陆前的各项准备工作后，及时向机长报告（建议进入驾驶舱报告）。在前部的（主任）乘务长位坐好，准备着陆。

九、着陆后

当客梯／登机桥靠近飞机时，做好开门准备，解除滑梯待命（预位），互相检查，报告（主任）乘务长"OK"。然后换掉机上用鞋。做好清舱工作。在航班结束之前，乘务员不得擅自离机。

乘务长还要做到：呼叫全体乘务员，为开门做准备。发出"滑梯解除待命（预位），相互检查"的命令。报告机长，确认"待命（预位）"解除情况，请示可否开门。得到机长允许后，用"PA"向客舱广播："所有机门已解除待命，可以开门。"确保所有的设备故障已登记在客舱记录本（或飞机技术记录本）上，完成（主任）乘务长、机长签名。确认地面停留期间飞机上有旅客时的乘务员配备数（中途站）。

注：滑梯待命（预位）系统的操作为"乘务工作的关键阶段"，此阶段工作不应受任何其他因素的影响。

任务二　掌握客舱服务的主要环节及要领

一、登机前

乘务员须根据要求参加机组准备会。完成飞行前设备检查，一旦发现设备有故障或短缺，应及时通报地面机务处理。检查"CLB"中的故障处理情况，如时间允许，应与机组充分沟通。在可封闭的空间内，存放机组行李。确认厨房用具充足，旅客供应物品已装入飞机。清点餐食，并通知（主任）乘务长，签食品单。确认客舱、厕所整洁情况。清舱工作完成后，报告机长，得到机长同意后方可上客。为了方便旅客，在登机前，确保行李架在打开位。

二、登机时

乘务员应在相应位置欢迎旅客登机。乘务员要做到确保飞行前对设备的检查已完成，在客舱内，帮助旅客登机，帮助并向需特殊照顾的旅客作个别简介，旅客登机后，应该为头等舱和公务舱旅客挂好衣服，提供饮料、毛巾等物品。还要注明旅客的座椅号和到达站。如时间允许，对所有舱位的旅客提供杂志、枕头、毛毯服务。飞机离地前禁止向旅客提供拖鞋、牙具袋等物品。

乘务长还要做到：确认客舱广播的情况。确认厨房设备完好，食品、供应品检查工作已完成。打开登机音乐，适时播放预录广播。如有任何延误信息，及时通知旅客和机组。

三、飞机推出前

确认出口座位旅客，根据需要简单向旅客介绍出口操作方法及规定，提醒旅客阅读出口座位须知卡和安全须知卡，并报告（主任）乘务长。确认所有手提行李合理存放，行李架关好，餐车锁定；确认出口畅通；确认旅客系好安全带，收直椅背、小桌板、脚蹬，打开遮阳板。飞机滑行前，存放好所有服务用具、供餐物品，包括所有的餐车不在紧急出口处和客舱过道上。在关门前，要收藏好门上的安全保护带。舷梯、登机桥脱离飞机后，关门，滑梯待命（预位），互相检查，报告（主任）乘务长"OK"。飞机推出前，乘务员确认旅客均按规定坐好，已将空座位上的安全带扣好。

乘务长还要做到：报告机长机上一切准备就绪，旅客人数及有关文件到齐，请求关门，得到机长允许后方可关门。呼叫全体乘务员，要求做好机门的起飞前准备，并发出"滑梯待命（预位），相互检查"的命令。收到各号位的"滑梯待命（预位）"汇报后，报告机长，再次确认"待命（预位）"状况。对全客舱进行检查，确认安全到位。

四、飞机滑出

进入飞行关键阶段后，不准打扰机组，但如感到有异常状况，仍需及时通报机长。在每个航段之前，及时做好安全简介或播放安全简介录像，如需要，对旅客作个别简介，包括那些视野受限制的座位上的旅客。在播放安全简介录像或安全示范时，停止一切客舱服务。

乘务长还要做到：确保旅客不受干扰地接受安全简介。确认已及时地做完了安全简介或播放了安全简介录像。

五、起飞前

完成客舱安全检查（收回杯子，检查安全带、座椅靠背、小桌板，存放好屏幕），确认厕所内无人，关闭厕所门并上锁。起飞前固定好厨房用品以及乘务员座位附近的装置，入座之前，再次确认冷藏间（箱）锁定装置和餐车的刹车装置，关闭厨房电源。调节客舱灯光。除执行有关的安全工作外，坐在指定的位置，系紧安全带、肩带，在整个滑行、起飞阶段，保持坐姿，做静默30秒复查。

乘务长还要做到：确认客舱内已完成起飞前各项准备工作后，及时报告机长（建议进入驾驶舱报告）。在（主任）乘务长位置坐好，准备起飞。

六、飞行中

要求乘务组高质量地进行客舱广播。按规定的服务程序，以合适的方式，提供航班餐食或饮料服务，机上录像、娱乐、免税品出售服务。机长和其他机组人员配备不同餐食，如配同种餐食，机长和其他机组人员应当间隔1小时进餐。

注：为驾驶舱机组供餐饮时，应避免餐饮的溢出和倾翻。

服务中乘务组应做到协调配合，及时调整客舱服务项目，确保合适的客舱灯光和舒适的客舱温度。在每次检查厕所卫生、补充厕所用品的同时，检查烟雾探测器的完好状况及废物箱的安全状况。适时巡视客舱，提供必要的旅客服务，提醒在座的旅客系好安全带。始终保持客舱内有乘务员。餐车在客舱内应始终有人看管，不使用时，确保餐车被收藏锁定。

乘务长还要做到：确保高质量的客舱广播。指导和检查所指定的服务项目，并按规定的服务程序进行。确保所有的服务程序按规定时间进行。并根据需要，临时调配乘务员提供服务。根据需要监督录像节目的播放。

七、着陆前

当下降的"系好安全带""请勿吸烟"的安全信号闪亮或接到驾驶舱发出的"客舱乘务员做好下降准备"的指令后，应及时进行客舱广播。完成要填写的表格，及时上交。为特殊旅客提供帮助。归还为旅客保管的衣物。完成客舱安全检查（收回杯子，系紧安全带，检查座椅靠背行李架，存放好小桌板，收好屏幕），确保厕所内无人，关闭厕所门并上锁。固定好厨房设备，合理处理好废弃物。此外，在就座前，再次核查所有厨房设备的固定状况（包括锁定装置和刹车装置），关闭厨房电源。当飞机下降到低于 10 000 英尺（3 000 米）时，遵守"飞行关键阶段"的原则，但如感到有异常状况，仍需及时通报机长。调节客舱灯光。除执行有关的安全工作外，坐在指定的位置，系紧安全带、肩带，在整个下降、滑行阶段，保持坐姿，做静默 30 秒复查。

乘务长还要做到确保客舱广播高质量运行。明确需特殊帮助旅客的要求，在需要时，委派乘务员及时服务。确保需做记录的项目填入 CLB，并完成（主任）乘务长、机长签名。确保各类申报单、表格准确填写完毕。确认客舱内已做好各项着陆前的准备工作后，及时报告机长（建议进入驾驶舱报告）。在（主任）乘务长位置坐好，准备着陆。

八、着陆后

当飞机完全停稳时，做好开门准备：滑梯解除待命（预位），互相检查，报告（主任）乘务长"OK"。在指定位置送客。在航班结束之前，乘务员不能擅自离机。

　　乘务长还要做到：当飞机完全停稳，发动机已关闭时，呼叫全体乘务员，发出"滑梯解除待命（预位），相互检查"的命令。报告机长确认"待命（预位）"解除情况，请示可否开门。得到机长允许后，用"PA"向客舱广播："所有机门已解除待命，可以开门。"打开客舱音乐。确保所有的设备故障已登记在客舱记录本（或飞机技术记录本）上，完成（主任）乘务长、机长签名。确认地面停留期间飞机上有旅客时的乘务员配备数。

任务三　熟悉客舱乘务组内部工作内容

一、飞行前准备

　　检查飞行包，携带必需的业务资料、手册及各类有效证件。完成公司要求的报告。带好个人用品（围裙、笔、针线包、化妆品、丝袜等）。担任兼职安全员的乘务员，根据需要领取安全员工作包，并携带有效证件。如需要佩戴矫正视力眼镜才飞行合格的乘务员，在执行航班任务时必须佩戴矫正视力眼镜，并携带备份镜。

　　乘务长还要做到：到派遣室领取飞行任务书。到资料室领取（主任）乘务长工作箱、乘务组护照/通行证。

二、飞行准备

　　准时签到，参加航前准备会。按派遣室每季度发布的起飞与准备时刻表，到达指定准备室。表示愿意听从（主任）乘务长的指令，按程序工作。

　　乘务长还要做到：以身作则，营造出一个积极向上，训练有素的环境气氛。提倡集体主义精神。介绍整个乘务组人员情况。了解航班信息，及时与飞行机组沟通有关飞行信息。确保乘务人员准时登机。

三、飞行前机上工作

如需要，参加飞行机组准备会。向飞行机组介绍自己，并了解相关信息。

乘务长还要做到：参加机组准备会，向乘务组传达有关信息及飞行机组对乘务组的要求。将飞行任务书交飞行机组。将可能延误起飞的意外事情，通报地面人员和机长。与食品公司、地面服务部门、现场调度、地面机务、乘务组、飞行机组协调准备工作，确保准时起飞。

四、乘务组协作

主动、有礼地与机组和其他同事相处，通力合作，表扬工作出色的乘务员。适时将与工作有关的信息，转告给其他乘务员／（主任）乘务长。调解旅客之间的冲突。

（主任）乘务长还要做到：在整个航班中与接班的乘务组，做好交接，互通信息。如有旅客在机上的交接，乘务员必须面对面交代清楚。确保耳机回收，免税烟酒账目结清，保管好钱物。

五、飞行后讲评

参加航后讲评会。对航班中的问题进行讲评总结。

乘务长还要做到：填写任务书。对乘务组的问题及时总结汇报。

任务四　了解对乘务员形象及资质的要求

一、乘务员的形象要求

乘务员应保持个人训练有素的职业形象。在工作期间的任何时间，着公司制服，遵守公司形象规定。女乘务员化妆得当，男乘务员必须净面。确保制服、饰品整洁、烫平、完好、得体。确保工作鞋清洁、擦亮和完好。在限制区域里，佩戴登机证件（机上不必佩戴明显处）。

（主任）乘务长还要做到：指出乘务员的制服／外表形象的不足之处。为乘务组成员，按标准做好专业形象示范。

二、乘务员的资质要求

在飞机上担任客舱乘务员的人员，应当按照民航局《大型飞机公共航空运输承运人运行合格审定规则》批准的训练大纲进行训练并经具有资质的机构检查合格。在按照本规则运行时，应当持有现行有效的体检合格证和客舱乘务员训练合格证。

乘务员的训练类别包含：新雇员训练、初始训练、转机型训练、定期复训、重新获得资格训练、差异训练、升级训练等。

🔊 职场故事

用心服务 温暖客舱

张一丁，东航客舱部乘务二部 206 大组长，客舱经理，从 2004 年飞行至今已经 15 年。工作中她是一个深得组员爱戴的好干部，作为一名教员，她有着强烈的责任感，吃苦耐劳，事必躬亲，以认真勤恳的态度影响着身边人；作为一名客舱经理，她为人细心，不拘小节，一丝不苟，与组员相处能想他人之所想，用心去关爱新成员。

爱岗敬业 温暖并感染着身边人

二月初执行年前最后一班大组航班期间，在夏威夷飞往上海的航班上，她事先不动声色地为今年本命年的两个小组员精心准备了小礼物，并祝福他们在未来的日子里越来越好、起落平安，让未能回家过年的组员感到惊喜与温暖。在工作时严肃严谨，大家会称呼她经理，但在生活中她的亲切感让大家更喜欢称呼她"姐姐"。

以梦为马 坚持并守护着初心梦

同时她也是一名预备党员，在学生时代就梦想着加入中国共产党的队伍，成为一名优秀的中共党员，她一直坚守着这个梦想作为前进的动力与方向。如今作为预备党员的她"不忘初心、牢记使命"，今年是中华人民共和国成立70周年，是东航发展62周年，她"守初心、担使命，找差距、抓落实"，航班中检视问题、及时整改落实贯穿始终，努力取得高质量成绩。每一次航班都协助组员以及清洁队、机务以及航食师傅完成交接并帮助大家快速完成工作，航前检查从自我做起，应急设备从不怠慢。她从未忘记过自己作为东航的一员，作为一名预备党员肩上的那份责任。

东航魅力　细致且独特的关怀服务

2019年6月19日MU2170上海－西安航班，登机时乘务员热情洋溢的微笑、快乐的情绪传递着正能量，当旅客倦意来袭休息醒来时发现乘务员已将毛毯帮其盖好并且第一时间为旅客递上热毛巾，当客舱经理缓缓走来送上一张贺卡，旁边的乘务员唱起生日歌让疲惫了一天的旅人感动至极，无以言表，温暖心间。

2019年6月14日，由张一丁经理执行的MU523上海－东京航班上，一名旅客已怀孕满七个月，出发前旅客和其先生都十分担忧其身体状况，上机后张一丁经理第一时间关注到了这位特殊旅客的，为其提供了小枕头以防日本航线经常性颠簸对旅客造成不安全因素的影响，这让旅客悬着的心一下子落了地，感受到了东航的温暖。飞行期间张一丁亲自询问旅客的身体状态，并搀扶她去洗手间，并为旅客提前打扫好，甚至连一滴水渍都不曾放过。这就是张一丁经理出色带领的团队，尽显着世界服务的一流！

航程就是回家路，让天南海北的旅客与家人团聚、护送更多的人回家，成为张一丁不变的使命。她愿成为归途中一盏暖心的烛火，牵引着旅客一路前行；愿付出的奔波与坚守，能够换来旅客的平安抵达。她的故事并不惊人，却温情备至，她是每一位东航人的缩影，用责任与坚守，续写了一幕幕团圆画卷和感动瞬间……

（资料来源：民航资源网 .2019-07-15. 标题有改动 .）

学习效果检测

扫描下方二维码，检测你的学习效果。

16

学习检测

参考资料

宋静波，2004. 飞机构造基础［M］. 北京：航空工业出版社.

王祥甫，陆惠良，2001. 乘飞机的安全与救生［M］. 北京：中国民航出版社.

中国民航出版社编，1996. 中国民航飞机全集［M］. 北京：中国民航出版社.

东方航空公司内部培训资料.

民航星空官网.

中国商用飞机有限公司官网.

图书在版编目（ＣＩＰ）数据

客舱设备运行及管理／张丽，池锐宏，韩蕊编著
. -- 6版. -- 北京：旅游教育出版社，2022.4
民航空中乘务专业系列教材
ISBN 978-7-5637-4378-0

Ⅰ. ①客… Ⅱ. ①张… ②池… ③韩… Ⅲ. ①民用航
空－客舱－设备－教材 Ⅳ. ①V223

中国版本图书馆CIP数据核字(2022)第004607号

民航空中乘务专业系列教材
客舱设备运行及管理
（第 6 版）

张　丽　池锐宏　韩　蕊　编著

策　　划	李红丽
责任编辑	李红丽
出版单位	旅游教育出版社
地　　址	北京市朝阳区定福庄南里 1 号
邮　　编	100024
发行电话	（010）65778403　65728372　65767462（传真）
本社网址	www.tepcb.com
E - mail	tepfx@163.com
排版单位	北京旅教文化传播有限公司
印刷单位	北京柏力行彩印有限公司
经销单位	新华书店
开　　本	710 毫米 ×1000 毫米　1/16
印　　张	17.75
字　　数	239 千字
版　　次	2022 年 4 月第 6 版
印　　次	2022 年 4 月第 1 次印刷
定　　价	39.80 元

（图书如有装订差错请与发行部联系）